반려동물을

생각한다

이학범 지음

반려동물을
생각한다

초판 1쇄 발행 2019년 8월 26일
2쇄 발행 2021년 2월 15일

지은이 이학범 **펴낸곳** 크레파스북 **펴낸이** 장미옥

기획 · 정리 노선아 **디자인** 디자인크레파스 **일러스트** 김지혜

출판등록 2017년 8월 23일 제2017-000292호
주소 서울시 마포구 성지길 25-11 오구빌딩 3층
전화 02-701-0633 **팩스** 02-717-2285 **이메일** crepas_book@naver.com
인스타그램 www.instagram.com/crepas_book
페이스북 www.facebook.com/crepasbook
네이버포스트 post.naver.com/crepas_book

ISBN 979-11-89586-07-2 **정가 14,000원**

이 도서의 국립중앙도서관 출판예정도서목록(CIP)은 서지정보유통지원시스템 홈페이지(http://seoji.nl.go.kr)와
국가자료종합목록 구축시스템(http://kolis-net.nl.go.kr)에서 이용하실 수 있습니다.

반려동물을 **생각**한다

반려동물과
더 행복하기 위하여

최근 우리나라 반려동물 양육가구는 600만에 이르러, 어느덧 1,500만 반려동물 가족 시대를 맞이하였습니다. 이에 따라 동물보호 및 복지에 대한 국민들의 관심도 높아졌으며, 관련 산업도 지속적으로 성장하고 있습니다. 하지만 작년 한 해 동안 유기된 동물이 13만 마리를 넘어섰고, 동물학대 사건도 지속적으로 발생하고 있는 게 현실입니다.

이 책은 사람과 동물이 함께 생활한 역사부터 반려동물 관련 산업의 현황, 동물보호 · 복지의식의 변화, 관련 법과 제도의 발전 양상, 해외 사례까지 반려동물 산업과 반려동물 문화의 전반적인 내용을 두루 다루고 있습니다. 반려동물을 키우거나 키우려는 분, 반려동물 산업에 종사하는 분들뿐만 아니라 동물에 관심이 많은 모든 분들에게 이 책을 적극적으로 추천합니다.

김옥경

전 대한수의사회장

사람과 동물이 더불어 살아가기 위한 방법 찾기

반려동물 숫자가 늘어나면서 '펫코노미'라는 신조어까지 등장했지만, 그 안에서 동물이 생명이 아닌 수단으로 인식되기도 합니다. 이런 혼돈 속에서 이학범 수의사는 잔잔하면서도 의지할 수 있는 나침반 같은 존재입니다. 수의사면서 작가로, 언론인으로, 때로는 동물과 함께 사는 반려인의 입장에서 그는 사람과 동물이 더불어 살아가기 위한 방법을 더없이 친절한 목소리로 제안합니다.

사람과 동물이 어떻게 사는 것이 잘 사는 것인지를 고민하는 '동알못'이라면 반드시 읽어야 할 필독서가 아닐 수 없습니다.

이형주

동물복지문제연구소 어웨어 대표

어릴 때부터 강아지, 고양이, 토끼, 거북이, 개구리 등 다양한 동물을 키워봤다. 현재도 유기묘 출신 루리와 함께 살고 있다. 특히 강아지의 경우 요크셔테리어, 페키니즈, 믹스견, 유기견 등 다양한 종과 함께할 기회가 있었다. 동물은 사람을 차별하지 않고 무조건적인 사랑을 주기 때문에 동물로부터 얻는 행복감이 컸다. 게다가 동물의 죽음을 경험하면서 삶과 죽음에 대해서도 생각해볼 수 있었다.

요즘에는 반려동물을 키우는 사람이 많아졌고 반려동물에 관한 관심도 늘었다. 하지만 반려동물에 대한 잘못된 인식, 오래된 편견과 선입견 때문에 여러 가지 사회문제도 발생하고 있다. 동물에 대한 오해를 풀고, 편견을 버리며, 반려동물을 있는 그대로의 생명체로 바라볼 수 있으면 하는 마음으로 이 책을 썼다.

여전히 동물을 장난감처럼 생각하고 과시용으로 키우는 사람, 동물등록 등 기본적인 의무사항을 지키지 않는 사람, 자신의 반려동물만 소중하게 여겨 주변 이웃에게 피해를 주는 사람, 동물을 때리면서 훈련시키는 사람, 가만히 있는 길고양이에게 해코지하는 사람……. 반려동물에 대한 잘못된 인식을 가진 이들이 이 책으로 잘못을 깨닫고, 생각이 바뀔 수 있기를 기대한다.

더불어 이 책을 통해 덩치만 커지고 있는 반려동물 산업과 그 뒤에 가려진 '반려동물을 돈으로만 생각하는 문화'의 현주소를 돌아보고, 나아가야 할 방향을 제시하고자 한다. 따라서 반려동물 산업과 관련된 정책을 마련하고, 반려동물 산업에 종사하거나 관련 일을 하고자 하는 분들에게도 도움이 되기를 바란다.

목차

생각 다섯 ; 함께 건강하고 행복한 날을 위하여

반려동물에 대한 생각
하나

그들이

우리 품으로 왔을 때

지금 '누렁이'들은 행복할까

그 개들은 어디에서 편히 잠들까

초등학생 때였다. 더운 여름날, 큰집에 친척들이 다 같이 모였다. 영문도 모르고 큰집에 가서 식탁에 앉았더니, 큰 솥에 고기가 삶아져 있었다. 무슨 고기인지도 모른 채 맛있게 먹었는데, 알고 보니 개고기였다. 나와 비슷한 경험을 한 사람들이 많을 것이다. 10여 년 전만 해도 보신탕집이 많았고, 개고기를 먹는 문화는 지금보다 더했다. 친구들과 신나게 놀다 오니 집 앞마당에서 키우던 누렁이가 없어졌고, 저녁에 먹은 고기가 누렁이였음을 알고 펑펑 운 일화를 종종 듣는다.

그 당시 개는 마당에서 목줄에 묶인 채 집을 지키는 역할을 했다. 대문 앞에 크게 '개 조심'이라고 쓴 문구도 쉽게 볼 수 있었다. 사료를 주는 것은 드물었고, 많은 개들이 사람이 먹다 남은 음식물로 굶주림을 해결했다.

목줄이 닿는 '몇 미터의 반경'이 그들의 유일한 생활공간이었다. 항변조차 하지 못한 채 그런 삶을 버텨냈을 것이다. 그러다 주인이 묶여 있던 목줄을 풀고 어딘가로 데려가면, 산책 간다는 생각에 꼬리를 치며 신났을 것이다. 하지만 그렇게 간 곳은 산 중턱의 '물이 펄펄 끓는 가마솥'이었다. 복날이면 몸보신이라는 이유로 수개월에서 수년간 키운 개를 잡아먹는 일이 흔했다.

지금은 문화가 바뀌었다. 설문조사 결과 우리나라 국민 10명 중 8명 이상이 지난 1년간 개고기를 전혀 먹지 않았다. 40.5%는 평생 한 번도 개고기를 먹어본 적 없다고 응답했다. 개고기에 대한 수요가 줄어들고 있고, 개 식용을 금지하는 법안까지 발의되고 있는 세상이다.

그런데 누렁이가 지금 다시 산다면 행복할까?

전보다 행복하다고 말할 수 있는가

수년 전부터 목줄에 묶인 개들의 생활환경을 개선하기 위한 '시골개 1미터 목줄에서의 해방 프로젝트'를 진행하는 동물보호 활동가들이 있다. 1미터 남짓한 줄에 묶여 평생 밖에서 사는 개들은 열사병에 걸릴 수 있고, 각종 전염병의 위험에 노출되어 있다. 물을 제대로 갈아주지 않아 물그릇에 물이 없는 경우도 일상이고, 물그릇에 고인 빗물을 마시는 개들도 많다. 심지어 유기견으로 오인해 동물보호센터에 신고되는 개들도 적지 않다.

목줄에 묶인 채 사람이 먹다 남은 음식을 먹으며 집을 지키는 개들은 행복할까? 모든 개는 영양학적으로 균형 잡힌 먹거리를 먹고, 주기적으로 산책하고, 더위와 추위를 피할 수 있는 기회를 가져야 하지 않을까. '시골개 1미터 목줄에서의 해방 프로젝트'는 짧은 목줄에 묶인 개들을 찾아다니면서 개집을 고쳐주고, 목줄의 길이를 늘려준다. 많은 사람들이 '더 좋은 환경에서 개를 길러야 한다'는 취지에 공감해 적극적으로 봉사하거나 후원하고 있다. 20년 전만 해도 상상할 수 없었던 일이 지금 우리나라에서 일어나고 있다. 그만큼 반려동물 동반 인구가 증가하고, 동물보호와 복지에 관심을 두는 사람이 늘고 있다는 뜻이다.

반려동물을 키우는 가구가 600만에 이르고, 반려동물로 길러지는 개와 고양이의 숫자만 해도 900만 마리에 달한다. 바야흐로 1,500만 반려인 시대가 왔고, 반려동물과 연관된 산업도 꾸준히 성장하고 있다. 하지만 한편에서는 매년 10만 마리 이상의 동물이 유기되고, 학대받는 동물도 끊이지 않는다. 게다가 편견과 선입견으로 인해 반려인과 비반려인 사이의 벽은 여전히 높기만 하다.

우리나라의 반려동물 문화는 정말 이대로 좋을까? 어떤 방향으로 나아가야 할까? 불황을 모르고 성장하는 반려동물 산업에 가려진, 우리나라 반려동물 문화의 현주소와 내일을 살펴보고자 한다.

반려동물과
함께 걸어온 시간

반려동물의 역사를 생각하다

이탈리아 남부의 폼페이 유적지를 방문한 적이 있었다. 서기 79년, 베수비오 화산이 폭발하면서 엄청난 화산재가 분출되었고, 비 오듯 쏟아지는 화산재가 순식간에 도시 전체를 덮었다. 당시 폼페이 인구의 10% 정도인 2,000여 명이 도시와 함께 화산재에 덮이거나 뜨거운 열에 타 죽었다.

폼페이에 가보면 로마인들의 생활을 확인할 수 있다. 도시 전체가 화산재에 덮이면서 당시 모습이 그대로 보존된 것이다. 아픈 유적이지만 그 시대에 시청, 시장, 극장, 체육관, 목욕탕, 빵

집, 술집 등이 있었음을 알 수 있고, 폼페이 사람들의 생활도 읽을 수 있다. 그런데 직업병인지 나의 시선을 특히 사로잡은 것이 있었다. 폼페이 사람들과 함께했던 개들이었다. 그곳에는 화산재에 덮인 개들의 형상도 그대로 보존되어 있었다.

유적지 중 한 집의 입구에는 개의 그림과 함께 '개 조심'을 뜻하는 라틴어 'cave canem'이 적혀 있었다. 그 문구는 2,000년 전 폼페이 마을에 개가 존재했을 뿐만 아니라 사람과 함께 어울려 살았음을 알려준다. 개들은 가축으로 폼페이 사람들과 함께했으며, 죽어서도 유적으로 남아 그들의 곁에 머물고 있었다. 오래전부터 개는 우리 삶의 일부였다.

그곳에서 지나간 역사를, 사람과 함께했으며 지금도 우리 곁에 있는 반려동물을 생각했다.

그들이 우리 품으로 왔을 때

사람과 가장 먼저 함께 생활한 동물은 개다. 개는 1만여 년 전부터 가축화되었다는 것이 많은 연구로 밝혀졌다. 이때부터 사람의 사냥을 돕고 집을 지켜주면서 사람으로부터 안정적으로 음식을 공급받기 시작했다. 사람과 개는 서로 도움을 주고받는 공생관계를 이루면서 자연스럽게 같이 지낸 것이다.

개가 언제, 어디서부터 가축화되었는지는 학계에서 논란의 대상이었다. 일부에서는 유럽에서 처음 개의 가축화가 이루어졌다고 주장하고, 다른 쪽은 중앙아시아나 중국에서 가축화가 처음 진행되었다고 주장한다. 서로가 '우리가 최초'라고 말한다.

중국 과학원 쿤밍동물학연구소와 스웨덴 왕립기술원의 연구에 따르면 개의 가축화는 약 33,000년 전부터 중국 남부에서 시작되었다. 33,000년 전부터 가축화된 개들이 15,000년 전 아시아를 벗어나 유럽까지 이동했다는 것이었다. 반면 옥스퍼드대학교 연구팀이 세계적인 과학지 《사이언스》에 발표한 논문에 따르면 개는 최소 12,000년 전부터 유럽과 동아시아에서 각각 가축화되기 시작했다. 그들은 고대 신석기시대 무덤에서 출토된 개들의 유전 정보를 추출해 연구한 결과, 개의 가축화는 유럽과 아시아에서 각각 진행된 것이라고 주장했다.

이외에도 개의 가축화에 대한 연구 결과는 많고, 여전히 다양한 이론과 해석 역시 공존하고 있다. 그럼에도 불구하고 개가 사람과 가장 먼저 함께 살기 시작한 동물이라는 사실만은 다툴 여지가 없다.

그렇다면 고양이는 언제 가축화됐을까? 고양이의 가축화에 대해서는 풀어야 할 것이 개보다 더 많다. 고양이의 가축화 시점이 개보다 늦다는 점은 분명하다. 고양이는 약 8,000년 내지 9,000여 년 전에 가축화된 것으로 알려져 있다. 지금으로부터

9,500년 전인 기원전 7,500년경 신석기시대 초기에 고양이가 번식한 사례가 있다. 2016년에 발표된 한 연구에 따르면 레오파드 고양이가 기원전 5,500년경 중국에서 가축화된 사례가 있다. 또한, 약 9,000년 전 근동 지역에서 농민들에 의해 처음으로 길러지기 시작했다는 연구 결과도 있다.

개와 마찬가지로 고양이도 사람과 서로 도움이 되기 때문에 스스로 가축화를 택했다. 농민은 농작물에 피해를 주는 쥐를 잡아주기 때문에 고양이가 도움이 되었고, 고양이 역시 사람으로부터 음식을 받으면서 공생관계를 형성한 것이다.

개는 당신의 마음을 알고 있다

이들 반려동물 중 개가 유독 사람과 친하게 지내는 것은 선천적인 소통 능력 때문이다.

개는 회색늑대로부터 진화한 것으로 추정된다. 개와 회색늑대는 유전적으로 99.8% 같다. 유럽의 한 동물연구기관에서 생후 5일령의 회색늑대와 개 몇 마리를 같은 방식으로 기르는 실험을 했다. 사람과 친하게 지내는 개의 능력이 타고난 것인지, 아니면 사람과 같이 살면서 자연스럽게 터득한 능력인지 알아보기 위해서였다.

첫 한 달 동안에는 늑대와 개의 차이가 거의 없었다. 늑대도 개처럼 사람과 한 침대에서 자며, 같이 놀고, 사람의 품에 안기기도 했다. 그런데 한 달이 지나자 차이가 나기 시작했다. 개는 "앉아", "기다려" 등의 기본적인 교육이 가능했다. 이에 반해 늑대는 교육할 수 없었고 집중력도 낮았다. 식사하는 사람을 공격하고 음식을 빼앗기까지 했다. 연구팀은 이를 "늑대가 사람을 배려하지 않고 자신을 먼저 생각한다는 점을 확인시켜준 행동"이라고 평가했다. 이것은 함께 실험한 개에게는 볼 수 없는 행동이었다. 이런 차이는 개의 사회화 기간인 생후 5주에서 12주 사이에 본격적으로 나타났다.

전문가들은 이 실험으로 "개는 다른 동물과 달리 사람과 함께 지내고 소통하는 방식을 선천적으로 알고 있다"고 결론 내렸다. 후천적으로 사람과 지내면서 소통하는 방식을 배우기도 하지만, 사람과 어울려 지내는 능력을 타고났다는 것이다. 즉 개의 유전자에는 사람과 친하게 지낼 수 있는 형질이 담겨있다. '개가 당신의 마음을 알고 있다'고 해도 과언이 아니다.

왕과 함께 살고, 왕 곁에 잠들다

우리나라는 언제부터 반려동물을 키우기 시작했을까? 최소한 삼국시대부터 개와 고양이가 사람과 함께 생활했다는 기록이 남아있으며, 고려시대와 조선시대에 이르기까지 반려동물의 모습을 확인할 수 있다.

경주 동경이는 천연기념물로 등재된 우리나라 토종개들 중 가장 오래된 문헌 기록을 보유하고 있다. 동경이에 대한 기록은 《삼국사기》에서 찾아 볼 수 있고, 5, 6세기 신라 고분군에서 동경이 토우와 토기 파편이 출토된 적이 있다. 따라서 동경이는 신라시대부터 양육된 토종개로 추정된다. 고양이는 삼국시대 당시 불교가 한반도에 전래될 무렵, 쥐들이 불경을 갉아먹지 못하도록 들여온 것이 시초라고 전해진다.

우리 조상들이 개와 고양이를 반려동물로 함께했다는 것은 고려시대에 더 자세히 확인된다. 고려 말에 그려진 작자 미상의 〈아집도대련〉은 당대 문인 관료들의 삶을 그린 작품으로, 관료들 주변에 개와 고양이가 자유롭게 놀고 있는 모습이 표현되어 있다.

조선시대에는 왕들도 반려동물을 키웠다. 《조선왕조실록》을 보면 성종, 연산군, 숙종 등이 반려동물을 무척 사랑한 것을 알 수 있다. 실록에 따르면 성종은 사슴, 노루, 두루미, 백조, 매를 비롯해 많은 동물을 키웠으며, 특히 다른 나라에서 보내온 원숭이를 잘 키우기 위해 원숭이가 살 집을 짓고 옷을 만들어주라고 지시한 일화가 있다. 연산군은 개와 고양이를 좋아했다고 알려져 있다. 사냥을 좋아했던 연산군은 궁궐 안에 사냥개를 많이 기른 것으로 전해진다. 고양이도 좋아했는데, 1504년 그가 아끼는 고양이를 관리하던 내관이 실수로 고양이를 잃어버리자 의금부에 보내 매질을 하게 했다.

숙종이 길렀던 고양이 '금손'이는 특히 유명하다. 이익의 《성호사설》에 따르면 숙종은 털 빛이 노란 금묘를 키웠는데, 금손이라는 이름까지 지어주고, 겸상까지 하면서 고기반찬을 주기도 했다. 고양이와 겸상하는 왕이라니, 숙종이 금손이를 얼마나 사랑했는지 알 수 있다. 숙종이 직접 밥을 먹이고 잠도 같이 잘 만큼 좋아했던 금손이. 하지만 숙종이 죽자 상심한 금손이는 밥을 먹지 않고 굶어 죽었고, 숙종의 묘인 명릉 옆에 묻혔다. 살아서 숙종과 함께했고 죽어서도 여전히 숙종 곁을 떠나지 않은 것이다.

왜 '애완'이 아니라 '반려'일까

놀잇감에서 평생 함께하는 짝으로

최근에는 '애완동물'보다 '반려동물'이 훨씬 익숙하다. 그렇다면 왜 애완동물이 아니라 반려동물이라고 할까?

애완동물이라는 말은 삼가고 반려동물을 사용해야 하는 이유는 '애완동물' 중 '완' 자 때문이다. '애완'은 사랑 애(愛)와 희롱할 완(玩)으로 구성되어 있는데, 여기서 희롱할 '완' 자는 장난하다, 놀이하다, 깔보다, 업신여기다, 얕보다, 구경하다, 장난감 등의 뜻이다. 그래서 '애완'은 '사랑스러운 놀잇감 또는 장난감'으로 해석할 수 있다. 이 때문에 '애견'이라는 단어는 가능하지만 애완견이나 애완동물이라는 단어는 삼가야 한다.

이런 이유로 지금은 애견보다 반려견이 더 많이 쓰이고 있다. 반려동물의 '반려'는 짝 반(伴)과 짝 려(侶)로 구성되어 있고, 한자 뜻에서처럼 평생 함께하는 짝, 동반자 동물이라는 의미를 담고 있다. 더구나 동물이 또 하나의 가족 구성원이 된 지금에는 '반려'를 사용하는 것이 일반적이고 올바르다.

몇 년 전만 해도 반려동물, 반려견보다 애완동물, 애완견을 더 많이 사용했다. 실제로 2011년 1월부터 2013년 6월까지 블로그, 트위터, 카페를 비롯해 주요 온라인 채널에서 반려견에 대한 지칭어 사용량을 빅데이터로 분석한 결과 애견이 가장 많았고, 그 다음이 애완견, 반려견 순이었다. 심지어 2012년 2월만 별도로 분석해보면 애완견이 반려견보다 두 배 정도 더 많이 사용되었다. 이와 달리 지금은 '애완동물 보다는 반려동물로 부르자'는 청원까지 올라올 정도이니, 몇 년 동안 반려동물에 대한 우리나라 국민들의 의식이 얼마나 달라지고 높아졌는지 실감할 수 있다.

애완동물 보다는 반려동물로 부르자

보통 애완동물은 영어로 펫(pet)으로, 반려동물은 컴패니언 애니멀(companion animal)이라고 번역한다. 이 중 컴패니언 애니멀은 1983년 10월, '사람과 애완동물의 관계'를 주제로 오스트리아 빈에서 열린 국제심포지엄에서 콘라드 로렌츠 박사가 처음 제시한 용어다.

로렌츠 박사는 오스트리아의 동물행동학자로, 동물행동학 및 비교행동학의 창시자로 꼽힌다. 그는 자연 속에서 사는 동물을 직접 찾아가서 연구하고, 집에 야생동물을 기르기도 하면서 동물 행동에서 본능이 얼마나 중요한 역할을 하는지 밝혀냈다. 로렌츠 박사는 특히 거위와 오리에 관한 연구로 유명하다. 그는 조류가 태어나서 처음 본 움직이는 물체를 어미로 인식하는 본능을 갖고 있음을 알아냈다. 이런 연구 결과로 그는 1973년 카를 폰 프리슈, 니콜라스 틴베르헌과 함께 동물행동학에 지대한 업적을 남긴 공로로 노벨생리의학상을 수상했다.

그런 그가 1983년 10월 심포지엄에서 "사람과 함께 교감하는 동물을 펫이 아닌 컴패니언 애니멀로 바꿔 부르자"고 제안했다. 전 세계에서 처음으로 컴패니언 애니멀이 사용된 순간이었다.

우리나라도 1988년 서울올림픽을 계기로 1980년대 말에서 1990년대 초부터 반려동물 문화 운동이 시작되었다. 당시 '반려'

라는 단어 선정에도 재미난 일화가 있었다. 컴패니언 애니멀의 정식 한국 명칭이 정해지지 않은 때다 보니, 한국동물병원협회에서 컴패니언 애니멀을 어떤 단어로 해석할지를 두고 투표를 했다. 당시 후보에 오른 명칭은 동반동물과 반려동물이었다. 이들을 놓고 투표한 끝에 반려동물이 선정되었고, 이후 1990년대 초반부터 본격적으로 반려동물을 권장했다. 그리고 2007년, 동물보호법에 '반려'가 담기면서 반려동물이 애완동물을 밀어내고 일상적인 용어가 되었다.

생각해보면 반려동물 못지않게 동반동물도 좋은 뜻을 담고 있다. 희롱하거나 놀잇감이라는 '완'보다 짝의 '반려'와 함께하는 '동반'은 듣기만 해도 얼마나 좋은가. 그래서 더욱 애완동물, 애완견이라는 말이 여전히 남아 있는 현실이 안타깝기만 하다.

우리는 반려동물시대에 살고 있다

1,000만에서 1,500만 반려인 시대로

'400만 가구 1,000만 반려인 시대'

이런 말을 들어봤을 것이다. 반려동물과 관련된 언론 보도에서 항상 인용하는 문구다. 그런데 이제는 이를 바꿔야 할 것 같다. 최근 발표된 자료들을 보면 현재 우리나라의 반려동물 양육 가구는 400만이 아니라 600만 가구, 1,500만 명에 육박하고 있으며, 반려동물로 사람과 함께 살고 있는 개, 고양이만 약 900만 마리에 이르는 것으로 추정되었기 때문이다.

한국펫사료협회가 2017년 8월 전국 만 19세 이상 남녀 2,024

명을 대상으로 설문조사한 결과, 우리나라 전체 가구의 28.8%인 553만 가구에서 반려동물을 키우는 것으로 나타났다. 반려견 수는 약 666만 마리, 반려묘는 207만 마리로 개와 고양이만 873만 마리에 이르고, 다른 반려동물까지 합칠 경우 총 반려동물 수가 925만 마리로 추정되었다. 참고로 이 중에는 물고기 23만, 햄스터 12만, 새 9만, 파충류가 8만 마리에 이른다.

반려견 및 반려묘 보유 가구

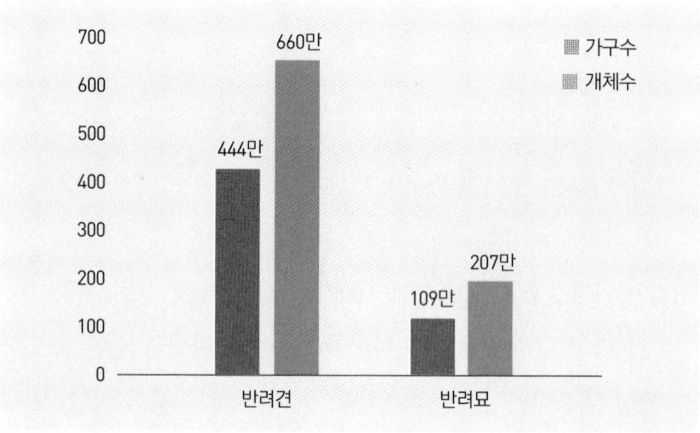

자료 : 한국펫사료협회(2017.8)

한국펫사료협회의 조사 결과 중 특이한 점은 반려견과 반려묘 수 계산법이다. 추정된 가구 수에 가구당 평균 양육 마리를 곱해서 계산한 것으로, 반려견을 기르는 444만 가구에 한 가구당 평균 1.5마리의 반려견이 있는 것으로 조사되었고, 이 두 수치를 곱해 우리나라에 666만 마리의 반려견이 있는 것으로 추정한 것이다. 반려묘의 경우에는 약 109만 가구에서 반려묘를 키우고 있었으며 평균 양육 마리는 1.9마리로, 이를 바탕으로 207만 마리에 이를 것으로 계산했다.

600만으로 늘어난 반려동물 양육 가구

정부도 비슷한 결과를 발표했다. 농림축산검역본부는 2, 3년에 한 번씩 주기적으로 동물보호 국민의식조사를 실시한다. 이 중 2017년 12월에 공개한 내용을 보면 개와 고양이 등 반려동물을 양육하는 가구가 전체 가구 수의 28.1%인 593만 호였으며, 반려견은 662만 마리, 반려묘는 232만 마리인 것으로 추정되었다. 개와 고양이 수만 894만 마리로, 펫사료협회의 873만 마리보다 더 많았다. 이는 개 512만 마리, 고양이 189만 마리였던 2015년 조사보다 큰 폭으로 증가한 수치다. 반려동물 양육 가구 비율 역시 2010년 17.4%, 2012년 17.9%, 2015년 21.8%, 2017년 28.1%로 조사 때마다 증가하고 있다. 2019년에는 양육 가구 비율이 26.4%로 소폭 감소했으나, 이는 전화조사에서 온라인 패널조사로 조사 방식이 변화한 것에 따른 차이로 추정된다.

검역본부 결과는 2017년 11월 6일부터 30일까지 전국 성인 남녀 5,000명을 대상으로 전화 설문조사한 것으로, 조사 주최 측은 "한국 사회의 저출산, 고령화 현상에 따라 1, 2인 가구가 늘어나면서 반려동물 인구수도 빠르게 불어나고 있다"고 분석했다.

민간단체에서도 반려동물의 양육 가구를 조사한 바 있다. 2017년 7월, KB금융지주 경영연구소가 발표한 '2017 반려동물 양육 실태조사'에 따르면 반려동물을 키운다고 응답한 이들이 30.8%에 달하는 것으로 나타났다. 반려동물을 기른 경험이 있다는 응답도 33.6%로, 3분의 2 가까운 국민이 반려동물과 함께한 것으로 조사되었다.

반려묘 증가로 관련 산업도 들썩

2017년 8월 7일부터 18일까지 전국 성인 남녀 2,000명을 대상으로 진행한 한국농촌경제연구원의 설문조사 결과에 따르면 2017년 기준 전국 1,952만 가구 중 29.4%인 574만 가구에서 반려견 632만 마리, 반려묘 243만 마리를 기르고 있는 것으로 나타났으며, 반려동물 양육 인구수는 약 1,481만 명으로 예측되었다. 특히 개와 고양이 수만 875만 마리에 이르는 것으로 조사되었는데, 이는 앞서 소개한 자료들과 비슷한 결과다.

한국펫사료협회, 농림축산검역본부, 한국농촌경제연구원이 각각 2017년에 진행한 설문조사 수치를 종합한 결과 우리나라에서 반려동물 양육 가구는 577만 가구, 반려견 651만 마리, 반려묘는 227만 마리였다. 이쯤 되면 '400만 가구, 1,000만 반려인 시대'는 옛말이고, 2017년부터 이미 '반려동물 양육 가구 600만 가구, 1,500만 반려인 시대'가 왔다고 봐야 옳을 듯하다.

현재는 고양이 숫자가 개에 비해 3분의 1 수준에 머물고 있지만 언젠가는 고양이가 개보다 더 많아지는 날이 올지도 모른다.

몇 년 전만 해도 고양이용품 전시회가 손에 꼽을 정도였는데 지금은 고양이용품만 다루는 고양이 전문 전시회가 빠르게 늘어나고 있으며 규모 역시 커지고 있다. 그만큼 고양이를 키우는 사람들과 고양이 수가 증가하고 있다는 반증이다. 고양이용품 전시회에 가보면 이러한 변화를 실감할 수 있다. 가장 눈에 띄는 것은 '집사'들의 열정이다. 공항에 온 것처럼 캐리어를 가져온 집사들을 많이 만날 수 있다. 내가 모시는 고양이님을 위해 캐리어까지 동반해서 용품 구매에 나서는 것이다. 오죽하면 '가슴으로 낳아 지갑으로 길렀다'라는 말까지 나왔을까. 고양이가 대세가 되어가는 만큼 관련 책도 많이 출간되고 있다. 고양이 관련 책만 판매하는 전문 책방까지 등장했을 정도다.

그렇다면 반려묘 양육 가구가 늘고 관련 산업도 커진 것에 비례해 반려묘에 대한 인식 역시 달라졌을까?

규모가 커진 만큼 생각도 달라져야

검역본부 조사에 따르면 우리나라의 반려묘 수는 2012년 115만 마리에서 2015년 189만 마리, 2017년 232만 마리, 2019년 258만 마리로 계속 증가하고 있으며, 반려묘 양육 가구수 역시 2015년 110만 가구에서 2017년 133만 가구, 2019년에는 192만 가구로 늘어났다. 아직은 고양이가 개보다 적지만, 전문가들은 한 목소리로 "이대로 진행된다면 고양이가 개보다 더 많아지는 날이 올 것"으로 내다보고 있다.

미국의 경우 2017년 기준, 전체 가정의 68%인 8,460만 가구에서 반려동물을 기른다. 이 중 54%의 가구에서 개를, 43%의 가구에서 고양이를 기르는데, 8,330만 마리인 반려견 수보다 오히려 반려묘 수가 9,560만 마리로 더 많다. 이는 고양이 보호자들이 개 보호자보다 2마리 이상 기르는 경우가 더 많기 때문이다.

고양이를 여러 마리 기르는 것은 전 세계적인 현상이다. 우리나라 역시 고양이 보호자가 개 보호자보다 2마리 이상 기르는 비율이 훨씬 높다. 펫사료협회 자료에 따르면 반려견의 경우 가구당 평균 1.5마리를 기르는 데 비해, 반려묘의 경우 가구당 평균 1.9마리를 기르는 것으로 조사되었다. 또한 반려견을 1마리 기르는 비율은 70.8%로, 반려묘를 1마리 기르는 비율 58.3%보다 12.5%포인트 높은 반면 2마리를 기르는 비율부터는 고양이가 더 높았다. 2마리를 기르는 비율은 고양이가 22.8%로 19.3%의 개보다 약간 높았으며, 고양이를 4마리 기르는 비율 8.6%와 5마리 이상 기르는 비율 4.9%도 개보다 더 높은 수치다.

미국뿐만 아니라 일본, 러시아, 캐나다, 프랑스 등 세계 여러 나라에서 고양이를 개보다 더 많이 기른다. 일본은 고양이가 꾸준히 늘어 2015년을 기점으로 고양이 수가 개보다 더 많아졌다. 일본 반려동물사료협회 자료를 보면, 일본의 반려견 수는 매년 감소해 2018년 기준 890만 마리까지 줄었고, 반려묘 수는 매년 증가해 2018년 기준 964만 마리까지 늘어났다. 반려묘가 반려견보다 74만 마리나 더 많은 것이다. 러시아에서는 개를 기르는 가구 수가 2,000만이지만 고양이를 키우는 가구 수는 2,500만 이상이다. 캐나다도 2019년 기준 반려견이 705만 마리, 반려묘가 823만 마리로 조사됐다. 프랑스의 경우, 반려견 734만 마리, 반려묘 1,348만 마리로 아예 반려묘가 반려견보다 2배 가까이 많다.

늘어나는 고양이 박람회, 계속 출시되는 고양이 관련 책, 반려묘 가구 증가, 여기에 해외 사례까지 참고하면 우리나라도 언젠가 고양이 수가 개를 역전하지 않을까?

그러나 한편에서는 여전히 길고양이와 캣맘에 대한 부정적인 시각이 존재하고 있다. 고양이가 빠르게 늘어나는 만큼 고양이에 대한 막연한 선입견도 줄어들었으면 하는 마음이다.

반려산업,
지금부터가 시작이다

장밋빛 미래에 덩달아 춤추는 펫코노미

반려동물 산업이 고속 성장하고 있다는 말은 많이 들었을 것이다. 다른 산업군은 성장률이 정체된 데에 반해 반려동물 산업은 계속 빠르게 성장하고 있다. 반려동물 산업을 의미하는 '펫코노미(pet+economy)' 단어 사용이 일상화되었고, 반려동물 산업이 뜬다는 언론 보도도 계속 이어지고 있다. 반려동물 시장의 성장 가능성을 부정적으로 생각하는 사람을 찾아보기 어려울 정도다.

반려동물과 관련된 제품과 서비스도 다양해지고 있다. 사료, 영양제, 옷, 캐리어, 의약품, 의료, 미용 등 전통적인 제품과 서비스는 물론 반려동물 택시, 반려동물 동반 여행 상품, 반려동물 동반 숙박시설, 반려동물 수영장, 반려동물 재활치료센터, 반려동물 카드, 반려동물 관리 애플리케이션, 반려동물 보험, 전문 장례지도사가 포함된 반려동물 장례서비스, 심지어 보호자가 사망할 경우를 대비해 은행에 새 부양자를 지정하고 반려동물을 돌볼 돈을 맡기는 펫 신탁상품까지 등장했다.

"반려동물 시장은 2020년까지 약 6조 원 규모로 성장할 것"이라는 기사가 낯설지 않은 시대다. 하지만 관련 산업이 커지면서 생기는 그늘 역시 간과해서는 안 된다.

1인 가구와 함께 크는 반려동물 산업

반려동물 시장의 성장을 긍정적으로 바라보는 이유는 간단하다. 1인 가구가 폭발적으로 늘어나고 있고, 혼자 사는 사람이 반려동물을 많이 키운다는 것이다. 1인 가구가 증가하면서 반려동물 수도 늘어나는 것은 분명하다. 2019년 말 기준 우리나라 1인 가구 수는 전체의 30.2%인 615만 가구에 이른다. 3년 만에 75만 가구나 늘어났으며, 대한민국이 세워진 이후 최대치다.

1인 가구 중에는 특히 미혼 인구 증가가 눈에 띈다. 15세 이상 미혼 인구가 2010년 1,231만 2,000명에서 2015년 1,337만 6,000

명으로 106만 4,000명(8.6%)이 증가했으며, 30대 미혼 인구 비율은 2010년 29.2%에서 2015년 36.3%로 7.1%포인트나 늘어났다. 30대 후반 미혼 인구 비율은 26.2%, 40대 초반 미혼 인구 비율도 17%에 육박하고 있다. 독거노인 증가율도 높다. 독거노인 수는 2000년, 전체 1인 가구 중 16%인 54만 4,000명에서 꾸준히 늘어 2015년에는 20%인 118만 7,000명을 넘어섰으며, 2019년 150만 명을 돌파했다.

미혼 인구와 독거노인 증가는 사회적인 문제지만 반려동물 시장 성장에는 유리한 조건으로 해석된다. 독거노인들의 고독사를 예방하려는 목적으로 지역 수의사회와 지자체가 나서서 반려동물을 분양해 주는 사업을 진행할 정도다. 이처럼 반려동물 시장은 1인 가구 증가와 함께 지속적으로 성장하고 있다.

저출산도 한몫하고 있다. 우리나라의 합계 출산율은 2019년 기준 0.92명으로 전 세계 최초이자 유일한 출산율 0명대인 국가다.

그런데 1인 가구가 늘어나기 때문에 반려동물도 늘어나는 현상이 과연 바람직한 것일까? 반려동물은 말 그대로 짝이 되어 함께 반려하는 존재이고, 동물을 키운다는 것은 그들의 보호자가 된다는 뜻이다. 보호자로서 놀아줘야 하고, 교육해야 하고, 운동시켜야 하며, 아프면 치료를 받게 해줘야 하는 등 최소한의 노력이 필요하다. 이는 반려인으로서 기본적인 의무다. 그런데 바쁜 현대 사회에서 과연 한 명의 반려인이 이와 같은 기본적인 의무를 충실히 할 수 있을까? 자신의 외로움을 달래려고 동물을 키우는 것은 아닌지 생각해볼 문제다.

6조 원 시장, 정말 믿어도 될까

그런데 정말, 반려동물 시장은 2020년까지 약 6조 원 규모로 성장했을까? 이 말은 어디서 나왔을까?

출처는 농협경제연구소가 2013년 4월 30일에 발표한 〈애완동물 관련 시장 동향과 전망〉 보고서다. 이 보고서에 있는 내용을 언론이 인용하고, 이어 반려동물 산업 종사자들과 반려동물 산업을 분석하는 사람들, 그리고 투자회사까지 모두 인용하고 있다. 포털 사이트에 농협경제연구소, 반려동물 시장, 반려동물 산업을 검색하면 이를 쉽게 확인할 수 있다. 이에 힘입어 대기업, 중소기업, 개인 할 것 없이 새로운 반려동물 제품과 서비스를 줄이어 선보이고 있다.

문제는 오로지 '6조 원'이라는 문구 때문에 장밋빛 전망을 바라보고, 반려동물 산업에 대한 충분한 이해 없이 관련 산업에 뛰어드는 경우가 많다는 점이다. 더구나 '2020년까지 약 6조 원 규모로 성장'이라는 문구가 수많은 부작용을 초래하기도 한다. 문구만 믿고, 너도나도 ㅇㅇ펫, △△펫, 펫ㅁㅁ이라는 회사를 만든다.

그런데 이들 중 상당수는 2, 3년 안에 문을 닫는다. 시장에 뛰어들 때의 기대와 시장의 현실이 다르기 때문이다.

이처럼 철저한 사전 조사와 현실 인식 없이 여전히 반려동물 시장이 계속 성장할 것이라는 기대와 함께 새로운 사업이 줄줄이 출현하고 있으며, "반려동물 관련 사업 아이템이 투자받기 좋다"는 말도 심심찮게 들린다.

기대와 달리 부작용만 커지는 현실

〈애완동물 관련 시장 동향과 전망〉을 발표한 농협경제연구소는 2015년 없어졌다. 또한 이 보고서가 나온 2013년 4월 이후로 현재까지 강아지공장 사태, 동물보호법 강화, 개 물림 사고 논란, 펫티켓 준수 의무 강화, 반려동물 관련 영업 운영 기준 강화 등 반려동물 관련 분야에도 지각변동이 일어났다.

대표적으로 지난 2016년, 상업적인 목적으로 개를 대량 양육하는 '강아지공장'이 사회적으로 파장을 일으키면서 반려동물 산업 전체가 큰 변화를 겪었다. 이에 2017년 3월부터 반려동물을 번식시켜 판매하는 동물생산업(번식업)과 강아지공장이 신고제에서 허가제로 강화되었다. 이쯤 되면 반려동물 시장이 정말 2020년에 6조 원까지 성장했는지 돌아봐야 하는 시점이 아닐까 생각된다.

안타깝게도, 장밋빛 전망과 달리 2020년 우리나라 반려동물 시장은 약 3.4조 원 수준에 그쳤다. 6조 원 전망에서 거의 반토막이 난 것이다. 도대체 무슨 일이 있었던 것일까? 이에 대해 정부는 2016년에 이미 답 알고 있었다.

2016년 7월, 청와대에서 열린 관계부처 합동 제10차 무역투자진흥회의에서 '반려동물 보호 및 관련 산업'이 신산업 육성 산업 중 하나로 선정될 정도로 정부 역시 반려동물 산업에 큰 기대를 걸었다. 정부는 그해 12월 '반려동물 보호 및 관련 산업 육성 세부대책'을 발표하면서, 반려동물 보호와 복지를 바탕으로 반려동물 산업을 건강하게 육성하겠다고 밝혔다. 당시 정부 자료에 담긴 반려동물 관련 시장 규모는 '2020년에 3.5조 원'으로 실제로 성장한 시장 규모에 근접하였다. 2020년이 되면 6조 원이 될 것이라는 농협경제연구소의 예측과 달리, 시장이 엄청나게 커지지 않으리라는 것을 정부는 2016년에서부터 알고 있었던 것이다.

만일 '반려동물 시장 2020년까지 6조 원 규모로 성장'과 같이 부풀러진 예측이 앞으로도 계속 나타나고, 이로 인해 마구잡이로 관련 시장에 뛰어드는 일이 계속 벌어지고, 실패한 사례가 앞으로도 계속 늘어나면서 반려동물 시장에 회의를 느끼는 사람이 늘어난다면? 이 때문에 반려동물 산업 전체가 신뢰를 잃는다면? 사람들이 반려동물에 대한 관심마저 저버릴까 우려스럽다.

다행스러운 점은 몇 년 뒤 그나마 현실적인 여건을 고려한 시장 전망 보고서가 정부 외에도 발표되었다는 점이다.

2018년 3월에 공개된 한국농촌경제연구원의 〈반려동물 연관 산업 발전방안 연구〉에 따르면 2017년 기준 반려동물 연관 산업 규모는 2조 3,322억 원인 것으로 나타났으며, 2027년에 최초로 6조 원을 돌파할 것으로 추정된다. 1조 5,684억 원이던 2014년부터 연평균 14.5%씩 성장하고 있으며, 2019년 3조 원 돌파, 2022년 4조 원 돌파, 2025년 5조 원 돌파에 이어 2027년이 되어야 6조 원 시장이 형성되는 것이다.

물론 이 보고서 하나만으로 2027년까지 반려동물 시장이 6조 원으로 성장한다고 확정지을 수는 없지만, '2020년까지 6조 원'이라는 허황된 문구에 빠지지 않아 다행이다.

여기서 놓치지 말아야 할 것이 있다. 반려동물 산업은 동물의 생명과 연관된다는 점이다. 발전 속도를 떠나 반려동물 관련 시장이 양적으로 성장하는 것은 분명하다. 그런데 그와 비교해 질적인 성장은 함께 진행되지 않아서 안타깝다. 매년 유기 및 유실되는 동물 수가 여전히 줄어들지 않고, 오히려 연간 12만 마리 이상 유기되거나 유실되고 있다.

반려동물 연관 산업 규모 전망

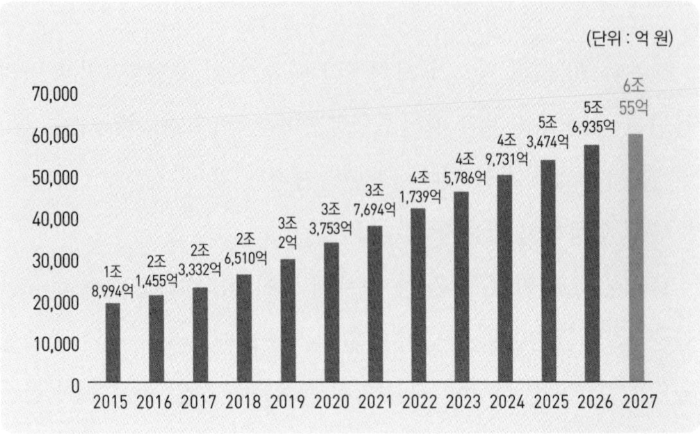

자료 : 한국농촌경제연구원 2017. 10

동물등록제는 또 어떤가. 2014년부터 의무화된 동물등록제에 따라 3개월 이상의 반려견은 반드시 등록해야 한다. 반려견을 등록하지 않는 것은 불법으로, 적발 시 과태료를 부과한다. 그런데 2019년까지 등록된 반려견은 209만 2천 마리에 불과하다. 이마저도 2019년에 대대적인 홍보와 단속을 하며 1년 동안 79만 7천 마리를 신규 등록해서 이뤄낸 결과다. 심지어 '209만 2천 마리'는 동물등록 말소, 즉 사망 개체가 제외되지 않은 수치다. 결국, 현재 살아 있는 반려견 중 동물등록이 되어 있는 개체는 200만 마리도 안 될 것으로 보인다. 반려견은 660만 마리 이상 있는 것으로 조사되는데 그중 200만 마리만 등록되었다고 하니, 이를 어떻게 해석해야 할까.

해마다 개 물림 사고가 사회적인 이슈가 되고 있다. 일부 반려동물 보호자의 잘못된 펫티켓으로 인해 반려인과 비반려인 사이의 갈등 역시 커지고 있다. 시장이 커지는 것에 걸맞게 반려동물 문화도 성장하고 있는지 의문이다.

2조 원, 3조 원, 6조 원 등 숫자에 그만 집착하자. 반려동물 산업은 생명과 연관된 산업이지 않나? 동물보호와 복지의 중요성을 인식한 뒤에 시장에 진입해야 반려동물 산업이 비로소 건전하게 성장할 수 있다. 단순히 돈벌이를 목적으로 시장에 뛰어들 것이 아니라 동물보호·복지에 관한 관심과 이해를 바탕으로 시장을 바라보았으면 하는 바람이다.

늦은 걸음이라고 생각하겠지만 그것이 반려동물 산업을 키우고, 나아가 반려동물에 대한 의식을 새롭게 하는 가장 빠른 길이다. 그것이 바로서지 않는다면 아무리 반려동물 산업이 장밋빛 미래를 보여준다고 해도 그런 날은 우리에게 오지 않을 것이다.

애완이 아니라 반려입니다!

반려동물에 대한 생각 둘

소중할수록

잊지 말아야 할 것들

우리 집에 온 댕댕이와 냥냥이

그 많은 반려동물은 어디에서 왔나

우리나라는 '말티즈의 나라'라고 해도 과언이 아니다. 2018년 12월 KB금융지주의 '반려동물 연관산업 현황과 양육실태'에 따르면 국내에서 가장 많이 기르는 개의 품종은 말티즈로, 반려견 가구의 약 23.9%가 말티즈를 기르는 것으로 나타났다. 2017년 말까지 미국애견협회에 등록된 개 품종이 200종에 이르는데, 이 중 우리나라에서 말티즈가 4분의 1을 차지한다니 말티즈의 인기가 어느 정도인지 실감할 수 있다. 그다음으로 많이 기르는 품종은 푸들로 16.9%였으며, 10.3%인 시추가 3위였다.

한국이 말티즈의 나라임은 다른 조사 결과에서도 확인된다. 한국펫사료협회가 2018년 9월 반려동물을 양육 중인 서울, 수도권, 주요 광역시 거주 남녀 1,000명을 대상으로 설문조사한 결과 반려견 품종 중에서 말티즈를 기르는 비율이 19.6%로 가장 높았다. 2위는 12.0%인 푸들, 3위는 10.3%인 시추였다. 말티즈, 푸들, 시추 3대장의 인기는 견고했다.

3대장의 뒤를 잡종(믹스견), 요크셔테리어, 포메라니안, 골든 리트리버, 치와와, 닥스훈트, 진돗개가 이었다.

'말티즈의 나라'와 '코숏'

그런데 재미있는 사실이 있다. 이처럼 개는 품종견의 인기가 높지만, 고양이의 경우에는 흔히 코숏이라고 부르는 '코리안 숏헤어'의 인기가 가장 높다. 길고양이 출신 고양이를 기르는 경우가 많다는 뜻이다. 내가 현재 기르고 있는 루리 역시 길고양이 출신의 코숏이다. KB금융지주의 설문조사에 따르면 국내에서 많이 키우고 있는 고양이 품종은 45.2%를 차지한 코리안 숏헤어였고, 페르시안과 러시안블루가 각 18.4%로 공동 2위를 차지했다. 그다음은 샴(16.6%)이었다.

더 재미있는 점은 응답자들 중 기르는 개의 품종을 '잘 모르겠다'고 대답한 사람이 1.9%인 것에 반해 기르는 고양이의 품종을 '잘 모르겠다'고 응답한 비율이 15.7%로 매우 높았다는 점이다. 그만큼 고양이의 품종을 따지지 않고 고양이가 그저 좋아서 기르는 사람이 많다는 것이다.

이런 경향은 한국펫사료협회의 설문조사에서도 드러난다. 한국펫사료협회의 설문조사에서도 코리안 숏헤어가 20.6%로 1위를 차지했다. 심지어 잡종과 코리안 숏헤어를 별개의 품종으로 구분해 설문조사를 진행했는데, 잡종이라고 대답한 사람이 18.5%로 2위를 차지했다. 실제로는 40%에 가까운 고양이 보호자가 코숏을 키우고 있다는 뜻이다. 3위는 러시안 블루(13.8%), 4위는 페르시안(친칠라, 9.0%), 5위는 샴(7.0%)이었다.

결국 개는 품종견을 많이 기르고 고양이는 그렇지 않다는 것을 알 수 있다. 개를 기르는 사람들은 대부분 어떤 품종의 개를 길러야겠다고 마음먹은 뒤 해당 품종을 분양받는다. 이에 비해 고양이 보호자들의 경우 고양이를 기르겠다는 생각이 없었는데 우연한 계기로 길고양이들의 밥을 주다가 집에 데려오거나 새끼 길고양이가 눈에 밟혀 집으로 데려와서 키우는 경우가 흔하다. '냥줍(길냥이 줍기)'을 통해 집사의 길로 들어선 사람도 쉽게 만날 수 있다.

고양이가 자신의 집사를 선택한다는 말도 있다. 계획 없이 우연한 계기로 고양이를 기르게 된 보호자들이 '이건 내가 한 게 아니야. 재가 나를 고른 거야.'라고 생각할 정도로 고양이의 매력이 크다는 뜻이다. 다른 사람의 권유로 고양이를 임시로 보호했다가 계속 키우는 경우도 많다.

'말티즈의 나라'에서 벌어지는 일

그렇다면 반려견 보호자들이 그토록 좋아하는 말티즈, 시추, 푸들 등의 품종견은 어디에서 태어나서 우리 품으로 올까?

그 답은 몇 해 전 대한민국을 뒤흔든 '강아지공장'에서 찾아볼 수 있다. 2016년 5월 15일, SBS TV 프로그램 〈동물농장〉에서 '강아지공장' 편을 방송했다. 이 방송은 강아지공장으로 불릴 정도로 뜬장에 갇혀 평생 기계처럼 임신과 출산을 반복해야 하는 모견들이 사는 곳, 그동안 잘 알려지지 않았던 강아지 번식장의 실상을 보여주었다.

모견들의 안타까운 모습은 물론 해당 번식장 주인이 마취제 및 수술 도구를 갖추고 모견들을 제왕절개 수술하는 장면, 주사기를 사용해 발정 기간이 얼마 남지 않은 개에게 정액을 주입하는 장면, 태어난 새끼가 모견과 충분한 시간을 갖지 못한 채 격리되어 30일령 정도의 어린 나이에 경매장에 나가는 것까지 충격적인 장면들이 그대로 소개되었다.

해당 방송에서 19년째 동물생산업에 종사한 번식장 주인은 “생식능력이 떨어지면 식용개로 팔려 가는데 우리 농장은 그러지 않고 땅에 묻어준다”고 자랑스럽게 말하기까지 했다. 일부 동물생산업자들은 생식능력이 떨어진 개를 개 식용 업체에 넘기는데 자신은 그러지 않는다는 것이다. 실제로 나이가 들어 새끼를 더 이상 낳지 못하는 모견은 그제야 처음으로 뜬장 밖으로 나올 수 있다. 그렇게 뜬장을 나온 모견들 중 상당수는 개고깃집으로 끌려간다. 5,000원에서 1만 원 정도에 폐품처럼 팔린다. 햇볕 한 번 제대로 쬐지 못한 채 발정, 강제 교배, 임신과 출산을 반복하다가 처음 밖으로 나가 식용개로 인생을 마감하는 것이다.

2016년 당시에도 새끼강아지를 생산하려면 동물보호법상 동물생산업 신고를 한 뒤에 영업을 해야했지만, 2015년 말을 기준해 신고한 업체는 157개에 불과했다. 동물보호 단체들이 추정한 3,000여 개의 번식장과 비교하면 합법적인 업체가 20분의 1 수준에 그친 것이다. 심지어 방송에 소개된 번식장 주인은 동물생산업을 신고하고 합법적으로 영업을 해온 터였다. 합법적인 곳조차 이렇게 운영된다면 불법 번식장의 상태는 어떨지 충분히 미루어 짐작할 수 있다.

강아지공장에서 기계적으로 생산된 강아지들은 경매장을 거쳐 동물판매업소인 펫숍으로 팔려 간다. 법적으로 생후 2개월이 지나야 판매할 수 있지만 그보다 훨씬 어린 개체들이 경매장으로 간다. 작고 어린 강아지가 펫숍에서 인기가 높기 때문이다. 그렇게 4, 5주령의 어린 강아지들은 어미 젖냄새 한 번 맡아보지도 못한 채 경매장에서 물건처럼 경매되어 펫숍으로 가는 것이다.

팔려나가는 동물, 연간 25만 마리

2016년 농림축산식품부 자료에 따르면 전국에 있는 경매장 19곳을 거쳐 매주 약 5,000마리의 개와 고양이가 경매된다고 한다. 연간 약 25만 마리가 펫숍으로 유통되는 것이다. 더 큰 문제는 강아지공장 방송을 보고 수많은 시청자들이 충격을 받았지만 법적으로는 벌할 근거가 없었다는 점이다.

해당 업체는 이미 동물보호법상 동물생산업체이기 때문에 법적 판매 기준인 2개월령을 지키지 않은 동물보호법 위반 혐의로 행정처분을 받는 것, 그리고 향정신성의약품 마취제를 소유하고 사용한 혐의로 마약류 관리에 관한 법률 위반이 적용될 뿐이었다. 그 외에 동물학대나 무면허로 동물을 수술하고 주사를 놓는 행위가 전혀 처벌받지 않는 등 우리나라의 동물보호법과 수의사법에 큰 구멍이 있었다. 심지어 동물생산업을 신고하지 않았다고 해도 처벌은 고작 100만 원 이하 벌금에 불과했다.

이런 법의 허점을 해결하기 위해 동물보호 단체와 수의사 단체, 정당, 반려동물 커뮤니티가 함께 나섰다. 이들은 강아지공장 문제 해결 촉구 공동 기자회견을 열고 "해마다 수십만 마리의 새끼 강아지와 고양이가 펫숍에서 판매된다. 그 많은 동물들이 어디서 왔겠는가? 번식장들은 매일 동물을 쏟아내 팔아치우고, 국민이 동물을 쉽게 사고 버리도록 조장하고 있다. 그리고 그 과정에서 온갖 불법과 동물학대가 일어난다"며 문제를 해결하기 위해 반려동물 번식장 전수조사 시행, 불법 번식장 벌금 상향, 반려동물 무자격 외과수술 금지, 농림축산식품부 내 동물보호 전담 부서 설치를 요구했다.

수십만 명이 법 강화 서명운동에 동참하며 힘을 실어주었다. 이에 힘입어 동물보호법이 개정됐고, 2018년 3월부터 시행됐다. 번식업으로 불리는 동물생산업이 기존 신고제에서 허가제로 강화된 것이 가장 큰 내용이다. 강아지공장이 이슈화되면서 동물생산업에 대한 강력한 제재가 필요해졌고, 이에 신고제였던 생산업이 허가제로 변경되었다. 일반적으로 신고제, 등록제, 허가제 순으로 제도가 강화되는데, 신고제에서 등록제를 뛰어넘어 가장 강력한 허가제로 바뀐 것이다.

이외에도 동물학대 행위자에 대한 처벌이 1년 이하의 징역 또는 1,000만 원 이하의 벌금에서 2년 이하의 징역 또는 2,000만 원 이하의 벌금으로 강화되었고, 미등록 또는 미허가 상태로 반려동물 관련 영업을 할 경우 처벌도 100만 원 이하의 벌금에서

500만 원 이하의 벌금으로 대폭 강화되었다. 자기가 소유한 반려동물이라도 수의사 면허가 없는 일반인이 진료하거나 수술할 수 없도록 수의사법도 개정되었다.

여전히 부족하지만 그래도 큰 발전을 이루었다고 생각한다. 그리고 법 개정 과정에서 동물보호 단체와 수의사 단체들이 한목소리로 힘을 합쳤다는 것에 큰 의미가 있다. '사지 말고, 입양하자'라는 문화가 확산된 것도 주목할 일이다.

소중할수록 건강해야 하는 분양문화

소중하다면 사지 말고, 입양하자

"얘는 종이 뭐예요?"
"믹스! 섞인 개를 믹스라고 하는데, 이 세상에 하나밖에 없는 개잖아. 그만큼 특별한 존재야."

〈효리네민박〉이라는 TV 예능 프로그램에서 윤아와 이효리가 나눈 대화다. 이 말은 말티즈의 나라인 우리나라에 시사하는 바가 크다.

앞서 소개한 강아지공장은 도대체 왜 생겼을까? 우리는 강아지공장 문제에 아무런 책임이 없을까? 그렇지 않다. 우리가 작고 어리고 귀여운 품종의 강아지를 찾지 않았다면 강아지공장이 생겨났을까? 그렇지 않았을 것이다. 소비자들이 품종견을 원하기 때문에 생산자도 그에 맞춰 공장처럼 강아지를 만들어내는 것이다. 그런 면에서 여전히 품종견을 원하는 우리나라의 반려동물 문화는 아직 갈 길이 멀다.

예능 프로그램 〈1박2일〉의 그레이트 피레니즈 종 상근이가 유명해지자 그레이트 피레니즈 분양이 대성황을 누리다가 2, 3년 뒤 유기동물보호소에 그레이트 피레니즈가 넘쳐났다는 일화는 유명하다. tvN에서 방영한 〈삼시세끼〉에 장모치와와 종인 산체가 등장하자 장모치와와의 인기가 높아졌고, 분양 가격이 수백만 원까지 올라간 적도 있다. 언제가 되면 이런 현상이 없어질까?

이에 '사지 말고, 입양하자'는 말이 등장했다. 이는 한 동물보호 단체에서 처음 사용한 뒤 유명해진 문구로, 반려동물을 펫숍에 가서 돈 주고 사지 말고, 유기동물을 입양하는 것을 고려해보자는 구호다.

유기동물 문제가 사회적인 쟁점이 되면서 유기동물 입양에 관심을 갖는 사람들도 부쩍 늘어났다. 나에게 "유기견을 입양하려면 어떻게 해야 해요?", "유기견을 입양하고 싶은데 괜찮을까요?" 등을 묻는 사람이 많아진 것도 이를 반증한다.

2019년 1년간 약 13만 6천 마리의 유기동물이 발생했는데, 그

중 12.1%는 원래 주인에게 인도되었고, 새 보호자를 만난 비율은 26.4%에 그쳤다. '인도'란 보호자가 일부러 버린 것이 아니라 잃어버렸다가 다시 찾은 경우를 뜻한다. 반면에 여전히 자연사하거나 안락사되는 유기동물이 46.6%에 이른다. 분양 및 인도되는 비율과 거의 비슷하다. 쉽게 말해 유기동물 중 절반은 죽고 절반은 사는 것이다.

연도별 유기 및 유실 동물 보호 형태 비율(%)

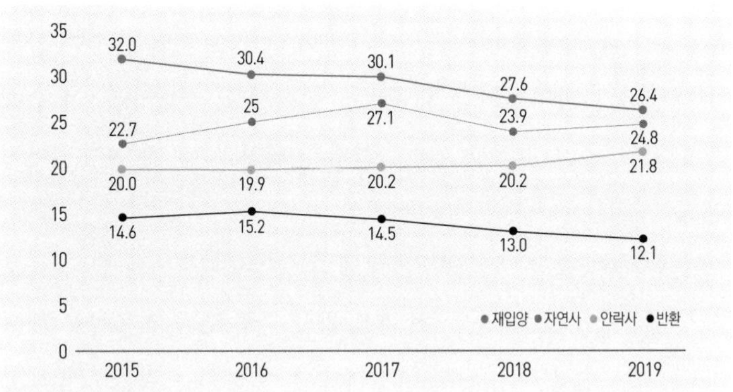

자료 : 농림축산검역본부

2019년에 유실되고 유기된 동물은 총 135,791마리로 이 중 33,660마리의 유기동물이 보호소 내에서 자연사했고, 29,620마리가 안락사되는 등 6만 3천여 마리의 동물이 가족을 찾지 못한 채 세상을 떠났다. 평균 173마리의 유기동물이 매일 보호소에서 생을 마감한 것이다. 그런데 135,791마리는 전국 지자체 유기동물보호소에서만 파악한 통계다. 통계에 잡히지 않은 경우까지 생각하면 유기동물은 훨씬 많을 것으로 추정된다. 매년 10만 마리 이상의 유기동물이 발생하고, 그 수는 점점 더 늘어나고 있다.

반려동물을 사기 전에 유기동물 입양을 고려해보면 어떨까? 유기동물을 입양하는 3가지 방법을 소개한다.

유기동물을 입양하고 싶을 때

먼저, 지자체에서 운영하는 유기동물보호소(동물보호센터)에서 유기동물을 입양할 수 있다.

법적으로 유기동물을 공고하는 기간은 10일로, 열흘 동안 원래 보호자 나타나지 않으면 유기동물 소유권이 지자체로 넘어가고, 이때부터 지자체는 일반인에게 유기동물을 분양할 수 있다. 소유권을 넘겨받은 지자체는 일정 기간 새로운 보호자가 나타나지 않으면 유기동물을 안락사하기 때문에 유기동물 입양을 결정했다면 빠르게 연락을 취하는 것이 좋다. 지자체 보호소의 유기동물 공고 및 입양 절차는 동물보호관리시스템 홈페이지(www.animal.go.kr) 또는 유기견 및 유기묘 관리와 입양을 담당하는 포인핸드 애플리케이션에서 확인할 수 있다. 최근에는 지자체가 운영하는 입양센터도 많아졌다. 센터에 방문해서 직접 아이들을 보고, 사전 입양 교육을 받은 뒤 입양할 수도 있다. 지자체에서 직업 운영하는 입양센터에는 서울동물복지지원센터, 강동구 리본센터, 서초동물사랑센터, 경기도 반려동물 입양센터, 부산 반려동물복지문화센터 등이 있다.

둘째, 동물보호 단체에서 유기동물을 입양하는 방법도 있다.

담당 지역에서 발생한 모든 유기동물을 공고하는 지자체 보호소와 달리 동물보호 단체의 경우 자신들이 구조한 동물들을 보호하고 관리, 교육한 뒤 입양 공고를 낸다. 동물별로 자세한 사연을 알 수 있고, 유기동물 공고 기간이 지난 뒤에도 안락사하지 않는다. 개별 동물보호 단체 홈페이지와 온라인 카페에서 입양 절차를 자세하게 확인할 수 있다. 네이버 동물공감판에서도 주요 단체의 유기동물 정보를 제공한다.

마지막으로, 사설 유기동물보호소에서도 직접 입양할 수 있다. 사설보호소는 지자체 보호소가 아니라 개인이 버려진 동물을 데려다가 보호하는 시설을 의미한다.

사설보호소 역시 안락사를 시키지 않는 경우가 대부분이다. 그래서 개체 관리가 잘 이루어지는 곳도 있지만 그렇지 않은 곳도 많다. 내가 찾아간 사설보호소들 중 가장 심했던 곳은 사체까지 그대로 방치된 곳도 있었다. 사설보호소의 경우 관리 상태는 물론 입양 절차가 보호소마다 다르므로 사전에 철저한 확인이 필요하다.

일반적으로 유기동물을 입양할 때는 사전에 연락한 후 보호시설에 직접 방문하고 이후 입양신청서, 입양동의서, 입양계약서 작성 순서로 입양 절차가 이루어진다. 책임비와 치료비를 내야 할 때도 있다. "유기동물을 입양하는데 왜 돈까지 내느냐"는 이들도 있지만, 유기동물이라고 무조건 공짜로 입양한다는 생각은 버려야 한다. 그 동물에게 최소한의 책임을 지겠다는 의미이기 때문이다.

동물보호 교육 이수, 최소 두 차례 이상 보호시설 방문, 사전 인터뷰, 입양될 집 현장 방문, 입양 후 보호시설과 지속적인 연락 등 유기동물 입양에 까다로운 조건을 정한 곳도 있다. 이는 유기동물이 또 한 번의 상처를 받지 않도록 하기 위한 절차이므로 입양자의 이해가 필요한 부분이다.

정해진 절차보다 중요한 것은 입양자의 마음가짐이다. 끝까지 책임지고 보살필 각오가 되어 있는지, 다른 가족 구성원의 동의는 구했는지, 경제적 부담을 짊어질 수 있는지 신중하게 생각하길 바란다. 유기동물은 사람에게 받은 상처가 있다는 점을 결코 잊어서는 안 된다. 펫숍에서 사기는 싫고, 유기동물 입양이 꺼려진다면 브리더의 도움을 받을 수 있다.

혹시 브리더에게서 입양했나요

비윤리적인 동물 학대가 자행되는 강아지공장은 반드시 없어져야 하고, 유기동물 입양도 점차 늘어나야 한다. 여기서 잊지 말아야 할 것이 있다. '브리더(breeder)'가 그것이다.

브리더는 품종이 우수한 견종의 번식을 돕는 견종 전문가를 뜻한다. 비윤리적이고 불법적인 강아지공장 문제가 사회적으로 큰 논란이 되면서 역으로 피해를 본 사람들이 있다. 좋은 환경 속에서 적합한 기준을 갖춘 뒤 신념을 갖고 생산업에 종사하는 브리더가 그들이다.

일각에서는 "상업적인 동물 판매 자체를 금지해야 한다"고 주장하지만, 동물 생산 및 판매 자체를 금지하는 것이 불가능하다면 윤리적으로 강아지를 생산, 양육하는 전문가가 그에 맞는 가치를 대중에게 인정받을 수 있는 공급 생태계를 만들어야 한다고 생각한다. 제대로 된 브리더가 늘고, 소비자도 싸고 귀여운 강아지를 산다는 개념에서 벗어나 시간이 걸리고 경제적 비용이 더 들더라도 함께 살아갈 반려견을 제대로 된 전문가에게서 입양하는 문화가 정착되어야 한다.

한국펫사료협회의 설문조사에 따르면 친척과 친구 등 지인으로부터 반려견을 데려왔다는 응답이 46.3%로 가장 많았고, 펫숍이나 분양사이트에서 샀다는 응답이 각각 30.4%와 4.7%였다. 반면 브리더에게 분양받았다는 응답은 3.9%에 그쳤고, 유기견을 데려왔다는 응답도 4.4%뿐이었다. 애완동물은 반려동물이 되었지만 반려동물을 만나는 방법은 시장이나 길거리에서 샀던 20여 년 전과 크게 달라지지 않은게 현실이다.

최근에는 직접 전국의 시설을 돌아보면서 직접 강아지가 태어나 자라는 환경을 확인한 뒤 전문적이고 윤리적인 브리더를 소비자에게 소개해주는 서비스까지 등장했다. 제대로 된 브리더의 경우 동물보호법에서 규정하는 영업자의 준수사항을 모두 지킨다. 예를 들어 개와 고양이의 판매 및 거래 월령인 2개월 이상을 따르고, 보호자를 동반하지 않은 14세 미만에게는 동물을 판매하지 않으며, 동물을 판매할 때 소비자분쟁해결기준에 따른 계약서를 제공한다.

느리지만 건강한 분양문화를 기대하며

브리더의 이점으로 법적인 사항보다 중요한 것은 진정으로 해당 품종을 사랑하는 사람이 많아 유전 질환이 있는 개체를 교배에서 제외하고, 기본적인 예방접종과 구충, 사회화교육까지 진행한다는 점이다. 강아지공장과 달리 소규모 개체수만 관리하는 등 충분한 관심과 배려가 가능하다. 이 때문에 전문 브리더에게서 분양받은 개체가 더 건강하고, 파양되는 경우는 훨씬 적다고 한다.

문제는 아직 우리나라에 브리더를 제대로 인증해주는 제도가 마련되지 않아, 브리더를 표방하면서 분양비만 비싸게 받는 업체도 있다는 점이다. 브리더에 대한 시상식과 브리더에 대한 온라인교육 과정도 있지만 사설 단체에서 진행하는 임의적인 과정일 뿐이다. 앞으로 빠르고 쉬운 분양문화를 건강하고 까다로운 분양문화로 바꾸려면 브리더에 대한 정규교육 과정과 국가 차원의 인증제도가 절실하다.

또 하나 생각해봐야 할 점이 있다. 아무리 제대로 된 브리더 인증기준이 마련되고 양질의 브리더가 많아진다고 해도 소비자가 '시간이 오래 걸리고 더 비싼 비용을 내더라도' 브리더로부터 동물을 분양받지 않으면, '건강하고 까다로운 분양문화'는 자리 잡을 수 없다. 브리더들 중 상당수는 보호자가 예약한 뒤에 교배 일정을 짜고, 교배, 임신, 출산, 개체관리를 거쳐 동물을 만나게 해주기 때문에 실제 입양까지 수개월이 필요할 수도 있다.

텔레비전에서 본 귀여운 강아지를 동네 펫숍 유리창 너머로 구경하다가 충동적으로 구매하는 문화는 이제 사라져야 한다. 동물생산업과 동물판매업 자체를 금지하지 못한다면, 쉽고 빠른 분양문화에서 건강하고 느리면서 까다로운 분양문화로 전환하는 데에 다 같이 노력해야 할 것이다.

좋은 브리더의 조건

- 브리딩을 하는 종의 수가 단일 혹은 소수이며,
  각 견종의 특성을 잘 이해한다.
- 종의 크기에 따라 요구되는 충분한 공간을 제공한다.
  좁은 공간에 과도하게 동물을 양육하지 않는다.
- 자견이 없을 시에는 예약리스트에 올리거나
  책임감있는 다른 브리더를 추천해준다.
- 견종의 특성에 따른 장난감 제공, 사회화활동, 운동을 하게 한다.
- 자견이 부모견(최소한 모견)과 충분한 시간을
  보낼 수 있게 해준다.
- 입양 후 발생할 수 있는 유전적/후천적 건강상의 문제를
  설명한다.
- 유전질환이 있는 개체는 부모견에서 제외한다.
- 견사 공개를 허용하고, 전체 가족구성원이 분양 전 견사에 와서
  직접 자견을 만날 것을 추천한다.
- 대면으로만 최종 분양을 하며, 온라인이나 펫숍을 통한 판매를
  하지 않는다.
- 해당 견종에 맞는 관리법을 알려주고, 분양 후에도 지속적으로
  도움을 제공한다.

내가 하면 사랑,
남이 하면 학대

유기동물보호소도 안전하지 않다

수의과대학 학생이던 시절, 동물의료 봉사동아리 회장을 맡아 한 달에 한 번씩 국내 유기동물보호소로 동물의료 봉사활동을 다녔다. 동아리에서 가장 많이 간 보호소는 경기도 포천에 있는 곳으로, 국내 최대 규모의 사설 유기동물보호소였다. 편의상 이곳을 A 보호소라고 하자.

보호소에 들어갔을 때, 개 수백 마리가 동시에 짖으면서 동아리 회원들에게 달려와서 안아달라고 조르던 모습이 지금도 생생하다. 처음 보호소에 방문한 사람들은 그 모습에 큰 충격을 받기도 한다.

A 보호소는 개들이 너무 많아 개체 관리가 제대로 안 되고 있었다. 유기동물을 별도 케이지에서 보호하기는커녕 운동장 같은 곳에 1,000마리가 넘는 유기견을 풀어두고 관리했다. 사료 역시 곳곳에 있는 플라스틱 세숫대야에 쌓아두었다. 보호소는 도로 옆에 있었는데, 보호소 동물이 도로 쪽으로 튀어나가 차에 치이거나 반대편 산 속으로 도망치는 일이 많았다.

수의사들과 수의대 학생들이 꾸준히 방문하면서 중성화 수술을 했지만 개체수는 매년 폭발적으로 늘어났다. 차를 타고 지나가다가 보호소 안으로 개를 던져 버리고 가는 이들도 종종 있었다. 질병 관리도 제대로 되지 않아 다리를 절거나, 눈이 부어 있거나, 피부병에 걸려 있는 개체도 많았다. 심지어 곳곳에서 강아지 사체가 발견되기도 했다.

사설 유기동물보호소, 안전도 보호할까

당시에는 사설 유기동물보호소와 지자체 유기동물보호소가 어떻게 다른지 모른 채 유기동물보호소는 모두 A 보호소처럼 시설이 열악하고 도움이 필요하다고만 생각했다.

그런데 한 유기동물 봉사 카페 회원이 보호소 부지를 놓고 A

보호소와 포천시, 부지 소유주 간에 갈등이 심하다고 전해주었다. 알고 보니 A 보호소에 보호동물 수가 크게 늘면서 보호소 규모가 커졌고, 자기 소유의 부지가 아닌 곳까지 동물들의 보호 공간으로 사용해 문제가 발생한 것이다.

A 보호소뿐만 아니라 부지 문제를 겪는 사설보호소는 매우 많고, 고소와 고발로 이어져 법정 다툼까지 가는 경우도 비일비재하다. 원장은 후원을 받아 보호소 부지를 새로 샀다고 주장했으나 돈을 준 사람은 후원이 아니라 빌려준 것이었다고 주장하며, 법정 다툼 끝에 보호소 소장이 구속된 사건이 대표적이다. 이후 보호소 소장과 봉사자들이 십시일반 돈을 모아 산 보호소 부지는 결국 경매에 넘겨졌다.

여기서 잠깐. 많은 사람들이 그 당시 나처럼 사설 유기동물보호소와 지자체 유기동물보호소를 구분하지 못할 것이다. 우리가 흔히 "1년에 유기동물이 10만 마리 발생한다", "유기동물 공고 후 10일이 지나면 안락사 된다"고 하는 곳은 모두 지자체 유기동물보호소다.

동물보호센터라고 알려진 지자체 유기동물보호소는 2019년 기준 전국에 284개소 있고, 그중 39개는 직영, 245개는 위탁으로 운영되고 있다. 동물보호관리시스템에 공고되는 유기동물은 모두 지자체 보호소에 입소된 개체들이며, 2019년 기준 연간 13만 6천 마리 정도 발생한 유실 및 유기동물 통계도 지자체 보호소에서만 집계된다.

이와 달리 사설 유기동물보호소는 개인이 버린 동물을 1, 2마리씩 키우기 시작했다가 수십 마리, 수백 마리, 심지어 수천 마리까지 개체수가 늘어난 곳으로 지자체와는 관계없다. 당연히 사설보호소가 전국에 몇 곳 있으며, 매년 몇 마리가 입소되는지는 거의 파악되지 않는다. 1년에 13만 6천 마리라는 유실 및 유기동물 통계에도 사설보호소 입소 개체는 빠진다. 이 때문에 실제 유기동물은 연간 13만 6천 마리보다 훨씬 더 많을 수밖에 없다.

철거 위기에 놓인 한나네보호소

사설 유기동물보호소와 관련해 2018년 큰 사건이 터졌다. 그해 5월, 대구에 있는 한나네보호소가 철거 위기를 맞은 것이다. 한나네보호소 역시 사설 유기동물보호소로, 2003년부터 유기동물 보호를 시작했다. 당시 보호 개체수는 약 250여 마리 수준이며, 지자체 보호소가 아닌 사설보호소이기 때문에 당연히 시의 지원 없이 소장과 일반 봉사자들의 후원과 봉사로 운영되고 있었다.

그런 한나네보호소가 대구 동구청으로부터 가축분뇨법을 위반한 혐의로 사용중지 행정명령을 받았다. 현행 가축분뇨법에 따르면 60제곱미터 이상 면적의 개 양육시설은 가축분뇨 배출 시설을 갖추어야 하는 신고 대상 시설이지만 한나네보호소는 신고하지 않았기 때문이다. 또한 보호소의 위치가 가축을 양육할 수 없는 가축양육 제한구역이라는 점도 문제가 되었다. 가축분뇨법에 따라 시장, 군수, 구청장은 가축양육 제한구역에서 가축을 양육하는 자에게 축사 이전 등의 필요한 조처를 내릴 수 있다.

개는 가축분뇨법 관리 축종에 해당하지 않았기 때문에 한나네보호소가 생겼을 때는 법적인 문제가 없었다. 그런데 2007년 가축분뇨법 시행령이 개정되면서 개 양육시설도 가축분뇨법 관리 대상에 포함되었다. 게다가 2018년 3월에 시행된 가축분뇨법 개정안에 따라 가축분뇨 처리시설을 갖추지 못한 개 양육시설 역시 행정처분 대상이 되었다.

문제는 보호소가 폐쇄될 경우 250여 마리의 유기동물이 갈 곳이 없어진다는 점이다. 가뜩이나 다른 사설보호소들도 상황이 열악해 모든 동물을 데려가기란 여의치 않고, 대구에 있는 지자체 보호소에서 데려가면 공고 기간 이후 안락사 대상이 된다는 점도 문제가 되었다. 한나네보호소는 2014년 말 화재로 큰 피해를 입은 곳이기 때문에 개인적으로 더욱 안타까웠다.

수많은 후원금이 모여 가축양육 제한구역이 아닌 합법적인 곳에 땅을 사고, 좋은 시설을 지은 뒤에 보호소 운영을 이어갔으면 하는 바람이지만, 현실적으로 그렇게 많은 후원금을 모으기가 쉽지 않다. 이런 상황을 안타깝게 여긴 이들이 청와대 국민청원

게시판에 글을 올렸고, 청원 글에 동의한 사람이 226,252명에 이르면서 한나네보호소 사태가 사회적으로 큰 관심을 받았다.

다들 알고 있듯이 국민청원 참여자가 20만 명 이상 되면 청와대 관계자가 직접 공식 답변을 해야 한다. 그래서 그해 6월, 한나네보호소 관련 국민청원에 청와대가 응답했다. '11시 50분 청와대이다'에 출연한 김혜애 대통령비서실 기후환경비서관이 "환경부에서 동물의 구조와 보호를 목적으로 하는 보호시설은 가축분뇨법상 분뇨 배출 시설에 해당하지 않는다고 해석했다"고 말한 것이다. 즉 분뇨 배출 시설을 갖추지 않으면 행정처분 대상이 되는 개 양육시설에서 한나네보호소 같은 사설보호소는 제외하겠다는 것이다. 김혜애 비서관은 "이러한 유권 해석이 환경부에서 지자체로 전달될 예정이므로, 한나네보호소에 대한 사용중지 명령은 지자체에서 곧 취소될 것으로 보인다"고 덧붙였다.

한나네보호소는 위기를 넘겼지만 이에 대한 비판도 있었다. 사설 유기동물보호소들이 가축분뇨법에 의해 문을 닫는 일은 막았지만, 환경보호를 위해 시행하는 정책에 예외 규정을 두는 것이 장기적으로 과연 옳은지에 대한 지적도 나온 것이다. 한편에서는 "개 농장 개와 달리 유기동물보호소의 개는 배설물도 싸지 않고 환경오염도 시키지 않느냐?"며 비난하기도 했다.

유기동물보호소 문제는 남의 일이 아니다

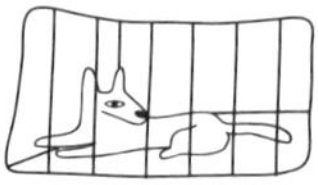

개 농장 잡으려다 보호소 폐지시킬 뻔

2014년 가축분뇨법 개정안은 '고농도의 수질오염 물질인 가축분뇨를 효과적으로 관리하여 환경보전에 이바지할 필요가 있어서' 발의되었다. 그리고 관리 사각지대에 있었던 무허가 및 미허가 축사를 양성화하는 계획도 담았다. 대부분의 무허가 축사들이 분뇨처리 시설을 갖추고 있지 않았기 때문이다. 이 개정안은 1년 뒤인 2015년 3월부터 시행하려고 했으나 축산 농가들의 반발로 인해 2018년 3월 25일부터 적용하기로 했다.

그러자 축산단체들이 유예기간 3년 추가 연장 및 관련 특별법 제정을 요구하며 강력하게 반발했다. 축산관련단체협의회의 국회 앞 천막농성장에는 당 대표, 국회의원, 장관 및 차관 등 주요 인사들이 다녀가기도 했다.

결국 국회 환경노동위원회와 환경부는 무허가 축사 적법화의 유예기간을 재연장해주는 쪽으로 마음을 굳혔다. 그런데 이번에는 일부 동물보호 단체들이 유예기간 재연장에 반발하고 나섰다. 당시 가축분뇨법 시행 연기에 반대한 일부 동물보호 단체들은 "가축분뇨법을 시행하여 개 농장을 폐쇄하라"며, "가축분뇨법의 시행 연기 개정에 반대한다"고 강력하게 주장했다. 국회 환경노동위원회 소속 일부 국회의원도 이에 동조하며 국회 내에서 유예기간 재연장에 반대했다.

일각에서는 "개 양육시설에 개 농장, 강아지공장만 있는 게 아니라 사설 유기동물보호소도 포함되기 때문에, 분뇨 처리 시설을 갖추지 못한 사설보호소들도 폐쇄 대상이 될 수 있다"며 우려를 표하기도 했다. 하지만 결국 개 양육시설을 제외하고 나머지 축종만 유예기간을 재연장하는 쪽으로 결론이 났다.

국회 환경노동위원회 회의에서 개 양육시설 때문에 유예기간 재연장에 대한 합의가 진행되지 않자 하태경 의원이 "개 양육시설은 제외하자"고 의견을 냈고, 그대로 여야가 합의한 것이다. 당시 환경노동위원회 여당 간사인 한정애 의원은 "개는 축산물위생관리법에도 들어가지 않아 허가 대상이 아니므로, 개 양육시설의 유예기간을 재연장하는 것은 가축분뇨법의 취지에 어긋나 개 양육시설은 제외되었다"고 설명했다.

우려가 현실이 된 보호소 행정명령

이처럼 가축분뇨법 개정안은 개 양육시설에만 시행되었다. 그리고 일각에서 우려를 표한 것처럼 개 농장, 강아지공장뿐만 아니라 사설 유기동물보호소도 적용 대상이 되었고, 한나네보호소에 행정명령이 내려지고 말았다. 가축분뇨법으로 강아지공장과 개 농장을 잡으려다가 사설보호소를 문 닫게 할 뻔한 어처구니없는 일이 벌어진 것이다.

물론 청와대 국민청원이 20만 명을 넘자 청와대와 환경부가 개 양육시설에서 보호소 제외라는 카드를 들고 나와 급한 불은 껐지만, 청와대와 환경부에 대한 비판도 많았다. 환경부의 유권해석에 따라 사설보호소가 가축분뇨법 적용을 받지 않으면서 사설보호소는 가축분뇨 처리시설을 갖추지 않아도 되며, 가축 양육 제한구역에도 보호소를 운영하는 것도 괜찮냐는 비판이었다. 사설보호소는 폐쇄되지 않았지만 사설보호소의 악취, 소음, 분뇨에 의한 환경오염 문제는 그대로 남았다.

이에 대해 정부는 "동물보호법을 개정해서 동물보호소의 분뇨

처리나 보호소 관리에 대한 입법적 보완을 하겠다"라는 입장이다. 이런 답변은 이중행정이라는 지적을 낳았다. 가축분뇨법이 있는데, 또 다시 동물보호법에 사설보호소 가축분뇨 처리에 관한 규정을 만들어야 하느냐는 것이다.

외면해선 안 될 사설 유기동물보호소

지자체 보호소와 달리 사설보호소는 운영 지침이 없기 때문에 부지 문제 외에도 다양한 동물학대, 후원금과 관련된 문제 등이 더 많이 발생한다. 물론 좋은 시설을 갖추고 안락사 없이 제대로 관리되는 사설보호소도 있다. 하지만 이는 소수에 불과하고, 사설보호소들 대부분이 열악한 시설 속에 어렵게 운영하고 있다.

지자체 보호소가 법적인 기준에 따라 일정 보호기간이 지나면 동물을 안락사하는 것에 반해 사설보호소는 개인이 동물을 사랑해서 버려진 동물들을 돌보는 경우가 대부분이라 안락사를 하지 않는다. 안락사하지 않아서 좋다고 볼 수 있지만 여기서 문제가 발생한다. 관리능력 이상으로, 즉 감당할 수 없는 수준까지 유기동물 개체수가 늘어난 사설보호소가 많아진 것이다. 심지어 보호소 소장이 능력 이상으로 동물을 소유하는 새로운 형태의 동물학대인 '애니멀 호딩'을 저지르는 경우도 있다. 보호소라는 이름이 무색하게 질병 방치, 사체 방치, 사료 부족으로 인한 기아 등 끔찍한 동물학대가 이루어지기도 한다. 물론 관리 인력이 부족하고 운영 예산이 부족해 의도치 않게 발생하는 문제들이다. 그래서 한 사설보호소 봉사자는 나에게 이렇게 말하기도 했다.

"차라리 지자체 보호소처럼 안락사를 시키는 것이 아이들을 위해 더 낫겠다."

나는 전국에 수백 개 이상 있을 것으로 예상되는 사설 동물보호소도 제도권 안으로 편입되어야 한다고 생각한다. 사설보호소도 정부에서 마련한 동물보호센터 운영지침 정도는 준수해야 의도치 않은 문제가 발생했을 때 이를 최소화할 수 있다. 유기동물 관련 통계에도 사설보호소는 제외되기 때문에 정확한 통계를 바탕으로 정책을 세우는 데에 걸림돌이 되므로 사설보호소를 제도권 안으로 편입하는 것이 좋다.

문제는 돈이다. 현재 우리나라 사설보호소는 물론 지자체 유기동물보호소도 예산 부족으로 대부분 직영 보호소가 아닌 위탁 형태로 운영되는 것이 현실이다. 그리고 위탁 보호소 선정과 운영 과정에서 다양한 문제가 발생한다. 2019년 기준, 전국 지자체 유기동물보호센터 운영비용은 232억 원으로 전년 대비 32억 원이나 증가했다. 유기동물보호센터에 연간 투입되는 세금은 최근 3년 사이에 2배 이상 늘어났다. 아울러 1년 단위 입찰 계약으로 위탁 보호소가 정해지는 경우가 많아 위탁 계약 전에 좋은 시설로 투자하기 어렵다는 위탁자들의 불만도 많다. 한정된 예산 때문에 동물보호센터 운영지침을 제대로 지키지 못하고, 최소한의 동물복지를 보장하기 어려운 보호센터가 곳곳에 있는 실정에서, 사설보호소까지 세금을 써서 제도권에 포함하는 일은 쉽지 않을 것이다.

열심히 애써도 구조하지 못한 탓?

지자체 유기동물보호소에서 발생하는 또 다른 문제는 보조금 지급 방식이다. 2017년 한 동물권 단체가 전국 지자체 유기동물보호소 282곳을 조사해보니 유기동물을 1마리 구조할 때마다 8만 원에서 15만 원 사이의 보조금을 받은 곳이 62%로 가장 많았으며, 15만 원 이상 20만 원 이하의 보조금을 받은 곳은 22%, 8만 원 이하로 받는 경우가 14%였다. 20만 원 이상을 받는 곳은 2%였다. 그래서 지자체 보호소들은 보조금에 대한 불만을 토로한다.

우선, 보조금 자체가 적다는 불만이 제기된다. 보호소를 인도적으로 운영하기에 보조금이 턱없이 부족하고, 세금을 제외하면 더 부족해진다는 불만이 컸다. 보조금 액수 자체에 대한 논란도 많지만, 더 큰 문제는 보조금 지급 방식이다. 보조금 지급 기준은 대부분 '두당 지급'(194개소) 방식으로 운영되는데, 동물구조

활동 노력이 보조금에 반영되지 않기 때문에 자연스럽게 불만이 생긴다. 예를 들어 동물을 구조하려고 10번 출동했다고 해도 실제 동물구조에 실패하면 보조금을 지급받지 못한다. 또한 구조에 성공해도 한 번에 구조한 경우와 여러 차례 시도 끝에 구조한 경우에 상관없이 마리당 보조금이 지급되어, 수차례 시도하는 동안의 인건비와 차량유지비 등을 받을 수 없다.

상황이 이렇다 보니 자연스레 적극적인 구조 활동을 꺼리고, 신고된 동물을 넘겨받아 오는 데 집중할 수밖에 없다고 한다. 이처럼 지자체 유기동물보호소의 상황도 열악한데, 사설 유기동물 보호소의 제도권 포함을 바라는 건 과한 욕심일까?

안락사를 하지 않는 사설보호소와 달리 지자체 보호소의 경우 법에 따른 공고 기간이 지난 유기동물은 안락사를 시키기 때문에 생명의 가치라는 관점에서 사설보호소 보호동물을 지자체 보호소에 편입하는 것을 반대하는 사람들도 많다. 참고로 2018년 기준 지자체 유기동물보호소의 평균 유기동물 보호 기간은 34일이었다.

이런 상황에 제2, 제3의 한나네보호소 사태가 발생하지 않을 것이라고 누가 단언하겠는가. 지금부터라도 사설 유기동물보호소 문제를 어떻게 해결할지 고민하고, 사설보호소의 제도권 편입에 대한 장기적인 대책 마련이 절실하다.

자연에서
카페로 쫓겨난 동물들

'이곳은 라쿤을 좋아하는 카페입니다'

반려동물 시장이 성장하면서 동물카페도 늘어나고 있다. 2001년 동아일보에 〈애견카페 가 보셨나요〉라는 특집기사에 따르면 2000년대 초반부터 동물카페가 빠르게 늘어나기 시작한 것으로 추정하고 있다.

흔히 동물카페 하면 강아지카페나 고양이카페를 떠올릴 것이다. 소비자들이 점점 더 신기하고 보기 어려운 특이한 동물을 체험하고 싶어 하면서, 2010년 이후로는 반려동물 카페뿐만 아니라 야생동물 카페까지 급격히 증가하고 있다. 라쿤, 미어캣, 코아티, 북극여우, 카피바라 등 그 종류도 다양해지고 있다. 조류, 양서류, 파충류, 어류도 찾아볼 수 있다.

반려동물 카페의 경우 위생과 질병 문제, 물림 사고 같은 안전 문제가 발생하는데, 야생동물 카페에서는 이와는 차원이 다른 심각한 문제가 발생한다. 2017년 11월, 녹색당이 발표한 〈야생동물 카페 조사〉 보고서에 따르면 야생동물 카페는 크게 다음과 같은 문제점을 내포하고 있다.

- 인수공통감염병과 동물 질병의 도입과 전파에 의한 공중보건에 대한 위협과 위생 문제
- 동물과 사람의 직접 접촉 기회를 증가시켜 기존에 알려지지 않은 새로운 형태의 전염성 질병 발생과 전파의 온상으로 기능할 가능성
- 전시되는 동물의 복지와 건강에 대한 위협
- 방생 또는 탈출한 야생동물 개체에 의한 야생 생태계 교란과 새로운 질병의 생태계 전파 우려
- 방생 또는 탈출한 외래 야생동물 종이 기존 생태계에 존재하는 야생동물 질병 및 인수공통감염병에 감염되어 새로운 매개체로 기능할 가능성
- 사람들에게 애완동물로서의 야생동물 소유욕을 조장함으로써 야생동물 밀거래, 밀렵, 밀수입을 촉진할 가능성
- 사람들에게 자연과 야생동물을 사람 마음대로 다루어도 된다는 그릇된 인식을 조장할 가능성

감염을 조심해야 할 야생동물들

이들 문제점 중 특히 인수공통감염병을 살펴보자. 인수공통감염병(인수공통감염병, zoonosis)이란 사람과 동물이 함께 감염될 수 있는 전염병으로, 사람에서 동물로 또는 동물에서 사람에게 질병이 전파될 수 있다.

대표적인 인수공통감염병으로는 광견병이 있으며, 감염되면 물을 무서워하는 증상이 생긴다고 해서 공수병이라고도 불린다. 이는 리사바이러스 속에 속하는 광견병 바이러스가 매개하는 전염병으로, 개뿐만 아니라 고양이, 소, 너구리를 비롯해 다양한 동물은 물론 사람까지 감염된다. 특히 광견병은 사전에 예방접종을 맞거나 물린 이후에 항혈청주사를 맞는 등 빠르게 대처하지 못하면 치사율이 100%에 이르는 무서운 질병이다. 발열, 우울, 마비 등 신경 증상 또한 광견병의 주요 증상이다.

이처럼 광견병이 무서운 질병임에도 불구하고, 광견병을 매개하는 대표적인 야생동물인 '라쿤'을 양육하는 카페가 늘고 있는 점은 우려스럽다. 2017년 11월을 기준으로 라쿤카페가 전국에 최소 29개 있는 것으로 밝혀졌다.

동물복지문제연구소 어웨어의 전국 야생동물 카페 운영 현황 자료에 따르면 조사 당시 야생동물 카페는 서울에 10곳이 있었으며, 경기도에 8곳, 대구 3곳, 대전 3곳, 부산 2곳 있는 것으로 조사되었다. 가장 다양한 종을 양육하는 한 업소는 미어캣, 왈라비, 페럿, 바위너구리, 사막여우, 토끼, 개쥐라고도 부르는 프레리독, 잉꼬, 다람쥐, 닭, 뱀, 도마뱀, 육지거북 등 13종의 야생동물을 양육하고 있었다. 가장 많이 양육되는 동물 종은 라쿤이었으며, 라쿤만 양육하는 곳도 5곳 있었다.

그런데 어웨어가 실태조사에 나선 9개 야생동물 카페 중 전시 중인 라쿤의 백신접종 여부를 명시한 곳은 1개 업소에 불과했다. 라쿤이 손님과 뒤엉켜 놀면서 물림 사고나 위생문제가 발생하는 것도 큰 문제인데 질병이라도 전파한다면 그 책임은 누가 질까. 광견병의 주요 매개체인 라쿤에게 예방접종을 하고 항체가 검사를 통해 광견병으로부터 안전하다는 수의학적 입증을 받은 다음 전시하는 카페가 얼마나 될지 의문이다. 우리나라는 몇 년 전까지도 광견병이 발생했던 국가다. 2012년과 2013년만 해도 6, 7건의 광견병이 발생했다.

다행히 2014년 이후 현재까지 광견병 발생이 없지만, 그렇다고 안심할 수는 없다. 우리나라와 인접한 북한이 영국 공중보건국이 지정한 광견병 고위험국가이기 때문이다. 우리나라 광견병의 주요 발생지가 비무장지대 인근의 강원, 경기 지역인 것은 야생동물로 인해 북한으로부터 광견병이 유입된다는 가능성을 뒷받침해준다. 북한으로부터 광견병이 유입될 가능성은 과학적으로도 입증되었다. 2005년 발표된 논문 〈우리나라에서 분리된 광견병 바이러스의 분자역학 및 유전적 특성〉에 따르면, 우리나라에서 발견된 광견병 바이러스는 너구리가 원인이고, 너구리가 북한을 거쳐 우리나라 경기 북부와 강원도 북부 지역으로 이동한 것으로 추정된다.

이처럼 광견병의 위험이 여전히 존재하는 우리나라에서 광견병 예방접종 등의 대비 없이 라쿤을 키우는 것은 너무나 위험하다. 더구나 폐업 시 동물처리에 관한 규정이 없기 때문에 야생동물 카페 폐업 이후 방사된 라쿤이 광견병 전파의 매개체가 될 가능성도 크다. 전시하던 동물을 산속에 방사하여 생태계를 교란시킬 가능성도 우리를 불안하게 한다.

물어뜯긴 코아티, 개에 갇힌 은여우

2017년 12월, 홍대 근처의 한 야생동물 카페에 직접 가보았다. 마포구 서교동에 소재한 동물카페에서 코아티가 다른 동물에게 물려 숨졌다는 말을 듣고 찾아간 것이다. 코아티를 수술한 동물병원 원장에 따르면 당시 코아티는 앞다리와 뒷다리가 모두 절단되었고, 꼬리뼈는 흔적도 없이 잘렸으며, 위턱과 코 부분이 눈밑까지 완전히 없어진 채로 병원으로 옮겨졌으나 수술 후 폐사했다고 한다. 병원에서는 부상 원인을 다른 동물에게 물어뜯긴 것으로 추측했다.

이 일이 있은 후 약 2주 뒤 그 동물카페를 다시 방문했을 때, 해당 카페는 코아티, 북극여우, 사막여우, 개, 고양이, 프레리독, 친칠라, 보아뱀 등을 양육하고 있었다. 그러나 라쿤을 제외한 동물들은 종에 따라 분리되어 있지 않았으며, 사막여우와 코아티, 3개월 미만의 새끼고양이 등이 한 공간에서 양육되고 있을 정도로 문제가 심각했다. 양육 중인 코아티 역시 꼬리 전체에 상처를 입은 상태였는데, 테이프로 꼬리를 감아 놓았을 뿐 제대로 치료를 받고 있다고 보기 어려운 상태였다.

코아티가 죽은 사건이 일어난 2주 후에도 그 카페는 여전히 별다른 안전장치 없이 은여우가 자유롭게 돌아다니고 있었다. 심지어 개도 여러 마리 있었는데, 은여우 앞에 가서 짖고 위협해 은여우가 심하게 위축되어 있었다. 게다가 은여우가 돌아다닐 수 있는 공간에는 태어난 지 2, 3주밖에 되지 않은 강아지도 몇 마리 있었다. 또 다른 사고가 일어날 가능성이 다분했다. 사고가 나지 않으면 오히려 이상할 정도였다.

야생동물 카페에 가본 것은 그때가 처음이었는데, 시설이 그렇게 열악하다는 사실에 큰 충격을 받았다. 카페의 위치도 나를 놀라게 했다. 이런 카페는 전염병 등을 염려해 구석진 곳에 있으리라 생각했는데, 대학교 정문 앞에 위치해 있었다.

사각지대에 놓여 있는 야생동물들

카페에 있는 라쿤을 야생동물로 볼 수 있을까?

'야생동물'의 사전적 정의는 '산과 들에서 저절로 나서 자유로이 생활하는 동물'이다. 야생동물 카페에 있는 동물은 산과 들에서 자유롭게 생활하고 있지 않기 때문에 엄밀히 말하면 야생동물이 아니다. 실제로 야생동물 카페에 있는 동물들은 야생생물의 보호 및 관리에 관한 법률인 야생생물법에 의한 관리와 보호를 받지 못한다.

야생생물법에는 동물의 상업적 거래를 제한하는 조항이 있으나 멸종위기 동물에 한정해 적용된다. 야생동물 카페에서 전시되는 동물들 중에서도 멸종 위기에 처한 야생 동식물의 국제 거래에 관한 국제협약(CITES)에 의한 국제적 멸종위기종이나 천연기념물이 아닌 동물은 상업적 거래가 가능하다는 것이다. 실제로 카페, 블로그 등에서 동물이 쉽게 거래되고 있다. 따라서 야생동물 카페에 있는 동물들은 동물원에 있는 동물들처럼 전시동물이라고 봐야 한다.

그렇다면 전시동물을 위한 법인 '동물원수족관법'에 의해 보호와 관리를 받을 수 있을까? 아쉽지만 그렇지도 않다. 동물원수족관법에는 동물원을 '총 10종 이상 또는 50개체 이상 보유 및 전시하는 시설'로 규정한다. 대부분의 야생동물 카페는 동물을

50마리 이상 보유하고 있지 않기 때문에 동물원으로 분류되지 않는다. 따라서 동물원수족관법에서 규정한 동물원 시설관리 기준을 지키지 않아도 된다.

2018년 3월, 개정 동물보호법의 시행으로 강아지카페, 고양이 카페를 운영하려면 법이 정한 시설과 인력 기준을 갖춘 뒤 동물전시업을 등록하고 운영해야 한다. 그런데 동물보호법상 동물전시업은 반려의 목적으로 기르는 개, 고양이, 토끼, 페럿, 기니피그, 햄스터 등 6종의 동물에만 적용되기 때문에 이 외의 동물을 전시하는 대부분의 야생동물 카페는 동물전시업으로 등록하지 않아도 된다. 결국 야생동물 카페의 동물들은 야생생물법, 동물원수족관법, 동물보호법 어디에서도 관리 받지 않는 법의 사각지대에 놓여 있다. 하루빨리 법이 개정되어 모든 야생동물 카페가 관리 대상이 되기를 바란다.

그런데 어떻게 내가 방문했던 야생동물 카페가 서울 시내 한복판에 있을 수 있었을까? 당연히 야생동물을 보고 만지고 사진 찍으려는 사람이 있기 때문이 아닐까. 관련 법 개정도 중요하지만, '귀엽고 신기하다'는 생각 이전에 야생동물 카페가 문제는 없는지 한 번 생각해봤으면 좋겠다.

누구를 위한 체험 프로그램인가

안전 사각지대에 놓인 동물체험시설

혹시 애니메이션 영화 〈니모를 찾아서〉의 후속편인 〈도리를 찾아서〉를 보았는가? 이 작품에는 아쿠아리움 안의 동물들이 아이들의 손을 피해 도망 다니는 장면이 나온다. 아이들은 동물을 만져보고 싶어서 물속에 손을 넣지만 그 안에 있는 동물들에게는 엄청난 위협으로 다가온다. 이는 영화 속의 이야기가 아니다. 우리나라의 대형 수족관에서도 현재 물고기, 불가사리를 만지는 체험관이 운영 중이다. 야생동물 카페와 함께 늘어나고 있는 것이 바로 동물체험시설이다.

1909년, 창경궁에 우리나라 최초의 근대적 동물원이 세워졌다. 그 이후 1965년 부산, 1970년 대구, 1972년 광주 등에 동물원이 들어서 현재는 전국에 90여 개의 동물원이 존재한다. 동물원 역사는 100년이 넘었지만 그동안 동물원을 등록 및 관리하고 동물원 전시동물을 보호하거나 관리할 수 있는 법은 없었다. 다행스럽게 지난 2016년 동물원 및 수족관 관리에 관한 법률(동물원수족관법)이 제정되어 일정 규모 이상의 동물원과 수족관은 지자체에 등록해야 하고 법의 관리를 받는다.

그런데 관리 대상은 10종 혹은 50개체 이상 양육하는 동물원과 수조 용량 300제곱미터 이상 혹은 수조 바닥면적 200제곱미터 이상인 수족관에 국한하다 보니, 소규모 체험동물원이나 이동식 동물원은 여전히 법의 테두리 밖에서 운영되고 있다. 동물의 질병을 제대로 관리하지 못할 뿐 아니라 관람객의 안전도 보장되지 않는 전시환경이 많고, 동물학대 행위까지 벌어지기도 한다. 그리고 이런 곳에서는 무분별한 동물 만지기나 먹이주기 체험 프로그램을 운영하는 경우가 많은데, 이 때문에 여러 가지 문제가 발생하기도 한다.

동물복지문제연구소 어웨어의 〈동물체험시설 실태조사〉 보고서에 따르면 전국에 동물체험시설은 인터넷으로 파악된 것만 95개에 이른다. 아마 인터넷 검색으로는 찾지 못한 시설까지 합치면 100개가 훨씬 넘을 것이다. 이 중에는 동물원으로 정식 등록된 곳도 있지만 등록되지 않은 채 운영되는 곳도 많았다.

가장 큰 문제는 무경계와 근거리 전시였다. 동물을 양육장 안에서 전시하는 대신 관람객이 있는 공간에 자유롭게 돌아다니게 하는 전시 형태가 유행처럼 번지고 있는 것이다. 당연히 물림 사고 등 안전위험이 클 수밖에 없다.

사회적인 동물을 혼자 고립 상태로 전시하는 경우도 많았으며, 은신처를 만들어주지 않아 스트레스를 받게 하는 곳도 흔했다. 뜬장이나 부적절한 바닥재를 사용해 전시동물들을 불편하게 하는 곳도 많았고, 서로 잘 어울리지 않는 2개 이상의 종을 한 공간에 합사하는 시설도 있었다.

특히 관람객들이 사진을 찍으려고 동물과 뽀뽀하거나 동물의 손을 입에 넣는 등 위험한 신체적 접촉을 하는 경우가 많았고, 체험 시 안전을 보장해주는 관리요원이 없는 곳도 있었다고 한다.

실제로 조사 과정에서 동물에게 손을 물린 관람객, 동물을 무릎에 올려놓았다가 동물의 배설물에 옷을 버린 관람객도 관찰되었다. 양육장 안에서 일정 거리를 반복적으로 왔다 갔다 하거나 같은 지점에서 원을 그리며 계속 돌고 케이지를 물어뜯는 등 이상행동을 보이는 동물도 많았으며, 심지어 관람객에게 동물을 판매하는 곳도 있었다.

체험시설에서 야생동물을 팔기도 해

동물복지문제연구소 어웨어의 보고서로 본 동물체험시설의 문제점은 다음과 같다.

먼저, 동물을 양육장 대신 관람객이 있는 공간에 돌아다니게 하거나 양육장 밖으로 꺼내 전시하는 등 관람객과 동물 사이에 경계가 없는 무경계 및 근거리 전시 형태가 성행하고 있다는 점이다. 이는 동물을 무제한적인 접촉에 노출시켜 동물복지에 해로울 뿐 아니라 인수공통감염병 전파로 공중보건을 위협할 수 있다.

또한 제한된 공간에 많은 종의 동물을 전시하려다 보니, 일부 동물을 공중에 설치된 구조물에 고립상태로 전시하는 경우가 발생하고 있었다. 동물이 바닥에 내려올 수 없는 전시 형태는 동물에게 정신적 스트레스를 일으키며, 상시 접근 가능한 급수대 설치가 불가능해 탈수 등이 생길 수 있다.

동물의 습성보다 관리의 편의성에 초점을 맞춘 양육환경 때문에 최소한의 복지를 보장받지 못하는 동물도 많다. 대부분의 업체들이 배설물을 쉽게 처리하려고 바닥이 철망으로 된 뜬장에서 동물을 양육하거나 포유류 동물을 새장에서 양육하고 있었다. 동물들이 관람객의 접촉에 상시로 노출되어 있음에도 불구하고 양육장에 은신처가 조성된 경우도 극히 드물었다.

인수공통감염병 전파와 안전사고 발생 위험이 큰 방법으로 동물과 관람객이 접촉하고 있는 것도 문제였다. 관람객이 동물의 신체 부위를 입에 넣거나 동물에게 입을 갖다 대는 행동을 쉽게 관찰할 수 있었다. 이런 행동은 동물의 체액, 비말, 분변 등을 통한 인수공통감염병 감염의 원인이 될 뿐 아니라 교상(물린 상처)의 위험까지 높일 수 있다. 아울러 다수의 업체에서 생태적으로 연관이 없는 여러 종의 동물을 합사해 양육하는 것으로 조사되었다. 이는 동물마다 갖고 있는 새로운 병원체에 서로를 노출시키고 전파를 촉진하는 원인이 될 수 있다.

라쿤, 미어캣, 양서파충류 등 다양한 야생동물을 판매하는 시설도 다수였다. 일반인이 가정에서 야생동물을 양육할 경우 적절하지 않은 양육환경과 영양 공급으로 동물이 고통 받을 수 있으며, 유기 시에는 생태계를 교란하는 원인이 된다.

야생동물은 더 특별하게 관리해야

실제로 동물체험 프로그램에 참여했다가 발생하는 사고는 꽤 많다. 6살의 어린아이가 동물원에 있는 터치풀에 손을 넣었다가 열대 메기에 물린 적이 있었다. 한 미니 체험 농장에서 아이가 토끼에게 물렸고, 3살가량의 어린아이가 긴팔원숭이 전시관에서 먹이주기 구멍 사이로 손가락을 넣었다가 다친 일도 있었다. 이는 최근 몇 년 사이에 우리나라에서 실제로 발생한 사고다. 동물 만지기 체험을 하다가 사람이 다치고 있는 것이다. 게다가 단순히 물리는 것에 머물지 않고 이를 통한 질병 감염의 위험도 커진다.

실제 해외에서도 동물체험장에서 질병에 감염된 사례가 많다. 체험농장에서 소에게 먹이를 주고 염소젖을 짜는 체험을 한 7명이 기생충인 크립토스포리디움에 감염되기도 했고, 미국 애리조나동물원에서 동물 만지기 체험을 한 아이 2명이 대장균에 감염되어 설사 증상을 보인 일도 있었다. 미국의 한 박람회에서 운영된 체험 동물원을 방문한 사람들 중 108명이 대장균에 감염되어 설사 증상을 보였고, 3명은 급성 신장 손상을 일으키는 용혈성 요독증후군에 걸린 사례도 있다.

이런 사고를 미연에 막기 위해 동물체험 프로그램을 운영할 때는 사람에게 전파될 수 있는 질병 정보를 정리해 관람객에게 사전에 알리고, 관람 시 주의할 점을 미리 교육해야 한다. 관람객이 다쳤을 때를 대비해 보상 보험에 가입해야 하며, 응급처치를 할 수 있는 의료진도 필요하다. 또한 체험 전후로 손을 씻을 수 있는 소독제를 배치해야 하고, 노인과 임산부, 어린아이를 포함해 면역력이 약한 사람은 프로그램에 참여하지 못하도록 제한해야 한다.

저는
스스로 먹고 싶어요

경주 동경이를 만나러 가는 길

동물체험 프로그램 중 눈여겨봐야 할 것이 먹이주기 체험 프로그램이다. 어웨어 자료에 따르면 먹이의 종류와 양, 시간에 제한을 두지 않고 먹이주기 체험을 운영하는 동물체험시설이 많았다. 당근이 소화되지 않은 형태로 배설된 분변이 관찰될 정도다. 야생 및 전시동물을 대상으로만 먹이주기 체험이 이루어지는 것은 아니다. 개에게 먹이주기 체험을 하는 곳도 있다.

2018년, 한국경주개동경이보존협회가 황금개띠의 해를 맞아 진행하는 토종개 특별전을 방문했다. '토종개와 함께 한 5,000년,

살아 있는 5,000년 문화유산'이라는 전시 목적이 눈에 띄었다. 전시회에서는 천연기념물 제540호인 동경이의 역사와 특징을 자세히 알 수 있었고, 학술연구와 혈통보존사업, 홍보활동 등 동경이를 지키고 알리기 위한 동경이보존협회의 다양한 노력도 느낄 수 있었다.

그런데 전시회가 열리는 곳 주변을 살펴보니 어린 동경이들이 펜스 하나 사이로 전시되어 있었고, 줄에 묶여 있던 성견은 갖고 놀 것이 없는지 관람객이 준 제기를 물어뜯고 있었다. 제기차기를 할 때 그 제기를 말이다. 그 한쪽에서는 동경이 먹이주기 체험을 비롯해 각종 체험 프로그램이 운영되고 있었다. 특별전을 보러 간다는 기대와 달리 현실은 경주개 동경이 체험관이었다.

특히 동경이 먹이주기 체험 프로그램이 마음에 걸렸다. 나도 예전에는 이런 먹이체험에 별생각이 없었다. 어릴 때 동물원에 가면 자연스럽게 먹던 과자나 빵을 동물에게 던져줬고, 그런 행동을 말리는 사람도 없었다. 하지만 체험 동물원의 문제점을 알려주는 보고서들을 읽은 후부터 동물에 대한 무분별한 먹이주기 체험은 지양해야 한다는 것을 깨달았다.

동물복지단체 '동물을 위한 행동'이 나선 이유

감금·양육되는 동물의 복지를 위한 단체인 '동물을 위한 행동'에서 발표한 〈실내체험 동물원 조사 보고서〉에 따르면 무분별한 먹이주기 체험은 다음과 같은 문제점이 발생할 수 있다.

- 관람객들 대부분이 아이들이고, 아이들이 야생동물을 애완동물처럼 인식할 가능성이 크다. 이는 동물의 본래 가치를 훼손하고 왜곡시키는 결과를 초래한다.

- 오전에 먹이를 줄때는 급하게 받아먹지만, 오후가 되면 배가 부르거나 대부분 잠을 자 먹이를 받아먹지 않는다. 이는 동물에 대한 아이들의 흥미를 떨어뜨린다. 아이들은 동물이 맛있게 먹이를 받아먹는 것으로 만족감을 느끼기 때문에 자칫 동물이 자기 뜻을 따르지 않는다고 판단해 동물을 존중하는 마음이 사라진다.

- 동물에게 주는 먹이가 당근과 사과에 불과해, 이후 배가 부르면 별도의 먹이를 주기 어려워 영양 불균형이 일어나기 쉽다.

결국 동물에게는 영양 불균형을 일으키고, 아이들에게는 동물에 대한 잘못된 인식을 심어줄 수 있다. 동물과 사람 모두에게 좋지 않은 영향을 미치는 것이다.

먹이주기 체험 뒤에 남는 문제들

내가 방문했던 동경이 체험관에서의 동경이 먹이주기 체험 가격은 1,000원이었다. '천연기념물과 함께할 수 있는 즐거운 먹이주기 체험은 동경이 양육장 안에 들어가서 즐길 수 있다'는 문구가 적혀 있었고, 양육장 안에는 2마리의 동경이 성견이 있었다. 아무리 교육을 잘 받은 개라도 동물은 본능이 있고, 특히 식욕은 강력하다. 그런데 양육장 안에 들어가서 먹이를 주는 체험이 안전을 보장할까 하는 의문이 들었다.

이런 문구도 눈에 들어왔다.

'오늘 먹이체험은 하지 않습니다. 강아지 변 상태가 너무 좋지 않아 먹이체험을 중단합니다. 죄송합니다.'

변 상태가 좋지 않아 먹이체험을 중단한다는 문구를 보면서, 과연 먹이주기 체험을 계속할 필요가 있는지 궁금해졌다.

동경이보존협회와 경주개 동경이사업단은 방역을 위해 다른 품종의 개를 출입금지하고, 보호 중인 개체를 등록하는 등 관리에 많은 신경을 쓰고 있었다. 하지만 먹이주기 체험이나 방치에 가까운 전시보다 좀더 동물보호복지를 고려하고, 높아지는 국민의 동물복지 의식에 맞춘 프로그램을 운영했으면 어떨까 싶었다.

대부분의 체험동물원에서는 횟수 제한 없이 먹이주기 체험을 운영한다. 그러나 먹이주기 체험은 동물의 자연스러운 행동이 보장되는 환경에서, 평상시에 동물이 먹는 음식을 먹는 양만큼만 주도록 해야 한다. 당연히 횟수 제한도 엄격히 해야 한다. 또 먹이주기 체험에 동원되는 전시동물은 주기적으로 수의사에게 건강검진을 받아야 한다. 하지만 먹이주기 체험은 젊은 부모와 아이들에게 인기가 높아, 대부분 적절한 기준 없이 운영되고 이는 동물복지를 저해하는 요인으로 이어진다.

그래서 "그럴 바에는 동물원 자체를 없애야 한다"고 주장하는 사람들도 있다. "동물은 자연에서 봐야지, 동물원에 가둬두면 안 된다"고 말한다. 일리 있는 말이다. 하지만 동물원은 단순히 동물을 전시하고 관람만 하는 곳이 아니다. 현대 동물원에는 세 가지 중요한 역할이 있다. 생물다양성 보전(종 보전)과 교육, 그리고 연구다. 여기서는 종 보전과 교육에 대해 다뤄보려 한다.

생물다양성을 위한 프로그램이어야

야생에서만 생활하면 자연의 섭리에 따라 멸종될 종도 동물원에서 보호하면 멸종되지 않는다. 예를 들어 생물다양성 보전을 중요한 가치로 여기는 프랑스 리옹동물원의 경우 보유 동물의 51%가 멸종위기종이며, 번식프로그램을 진행하고 있는 동물 수도 50% 이상이다.

"생물다양성 차원에서 동물원처럼 중요한 곳이 또 있을까요? 이제 멸종위기종, 생물다양성을 위해서 동물원이 노아의 방주가 되어야 합니다."

최재천 전 국립생태원장의 말이다.

동물원의 두 번째 중요한 역할은 교육이다. 생물다양성의 중요성을 배울 수 있는 장소가 동물원이다. 그런데 많은 동물원에서 이루어지는 동물체험과 먹이주기 프로그램이 관람객들에게 교육적일까? 오히려 생태적 습성에 따른 정상적인 행동을 발현할 수 없는 동물을 보기 때문에 비교육적이며 반생태적인 정보가 전달되는 것은 아닐까?

창경궁에 동물원이 처음 생겼을 때는 관람객이 동물에게 담배를 피우게 한 일도 많았다고 한다. 이제는 그렇게 행동하는 관람객은 없어졌다. 전시동물에게 먹이를 던져주지 못하도록 제한하는 동물원도 늘어나고 있다. 그만큼 동물원과 수족관을 찾는 사람들의 관람문화도 성숙해졌다. 그럼에도 여전히 안심하지 못하는 이유는 무분별한 먹이주기나 동물 만지기 체험 프로그램으로 생길 수 있는 문제 때문이다. 그 자리에 진정으로 생물다양성을 알릴 수 있는 교육적인 프로그램이 늘어나길 기대한다.

동물을 보호하는 것은 사람의 의무입니다.

반려동물에 대한 생각
셋

사랑한다면

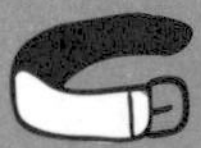

기본으로 돌아가라

“우리 집 개는 착해서 안 물어요”

옆집은 왜 우리 집 개를 나무랄까

＊사례 1

강아지를 키우는 세입자는 원룸을 계약한 지 한 달 만에 방을 빼야 했다. 세입자가 집주인에게 강아지를 키운다고 말하자 주인의 태도가 돌변한 것이다. 세입자는 임대차계약서에 반려동물 관련 규정이 없다는 이유를 들며 버텼지만 결국 집주인과 한 달 동안 싸우다가 방을 뺐다.

＊사례 2

고양이 2마리를 키우는 세입자는 집주인으로부터 보증금을 돌려받았는데, 50만 원이 적었다. 고양이로 인한 도배 비용 때문이었다. 법적으로 따지면 세입자가 집을 일반적으로 사용했다가 자연스럽게 더러워졌다면 도배비나 청소비를 집주인에게 물어줄 필요가 없다. 하지만 세입자는 불필요한 논쟁을 피하려 50만 원을 포기했다.

＊사례 3

반려견을 키우는 세입자는 최근 반려견 때문에 집주인과 말다툼을 했다. 개가 짖어 민원이 잇따르자 집주인이 대뜸 "개를 함께 키울 수 없으니 내보내라"고 했기 때문이다. 세입자는 집주인에게 "왜 계약 전에 미리 말하지 않았느냐"고 물었으나, 집주인은 "개 키우겠다고 먼저 알리지 않은 게 잘못"이라며 "개를 계속 키우면 재계약을 할 수 없다"고 통보했다. 결국 세입자는 재계약을 포기하고 이사하기로 했다.

인터넷 카페나 SNS에서 '집주인 때문에 반려동물을 분양합니다. 좋은 가족을 찾습니다'라는 글을 찾는 것은 어려운 일이 아니다. 세입자가 반려동물을 키우는 것을 안 집주인이 월세를 5만 원에서 10만 원까지 더 요구해서 웃돈을 주고 반려동물과 함께 사는 세입자도 많다.

이런 일이 반복될수록 반려동물 보호자들은 동물을 키우는 일이 마치 죄를 짓는 것 같다. 물론 집주인들의 입장도 충분히 이해된다. 집주인들은 대부분 관리 문제를 들며 반려동물 양육을 반대하는데, "특히 원룸에서 개를 키우면 해당 층에 있는 세입자들이 소음 피해를 볼 수 있고, 개나 고양이가 벽지나 장판을 뜯어 놓는 경우도 많다"고 말한다.

하지만 무조건 반려동물을 키우지 못하게 할 것이 아니라, 임대차계약 시 계약서에 반려동물 동반 입주 여부를 명시하고, 동물보증금 제도를 운용하는 등 반려동물 동반 입주 관련 규정을 만드는 방법으로 문제를 해결하면 어떨까. 실제로 해외 선진국에서는 동물과 함께 입주할 때, 계약서에 동물 입주 여부를 반드시 기록하고 계약 기간 동안 200달러 내지 500달러 수준의 동물보증금을 미리 낸 다음, 계약 만료 시 동물에 의해 집이 훼손되지 않았으면 집주인이 보증금을 돌려주는 문화가 활성화되어 있다. 1인 가구의 증가에 따라 반려동물과 함께 원룸에서 사는 사람이 점차 늘어나고 있는 우리나라에서도 이처럼 성숙한 문화가 자리 잡았으면 좋겠다. 반려동물을 키우는 것은 잘못이 아니기 때문이다.

그런데 반려동물을 키운다는 이유로 항의를 받고, 주변 이웃의 눈치를 보는 경우는 세입자만의 문제가 아니다. 의외로 많은 반려동물 보호자들이 이런 항의를 받은 경험이 있었다. 사단법인 동물권행동 카라의 '나와 반려동물을 지키는 에티켓북'에 따르면 반려동물과 생활하면서 이웃의 항의를 받은 적이 있는 보호자가 42.9%에 이르는 것으로 조사되었다.

"나올 때 목줄과 배변봉투는 기본이죠"

이웃들은 왜 반려동물 보호자들에게 항의하는 걸까?

카라가 반려견 보호자를 비난하는 주요 원인을 조사한 결과, 1위는 배설물 미처리, 2위는 목줄 미착용이었다. 반려견 보호자는 반려동물과 함께 외출 시 반려견의 배설물을 그 즉시 치워야 하고, 산책 시에는 반드시 목줄을 착용시켜야 한다. 이는 반려견 보호자가 지켜야 할 기본적인 펫티켓이며, 지키지 않았을 경우 과태료를 내야 하는 법적 의무사항이기도 하다.

결국 반려견의 배설물을 치우지 않고 남의 일인 양 하는 사람, 목줄을 채우지 않고 반려견과 산책하면서 "우리 개는 사람을 안 물어요. 괜찮아요"라고 말하는 몰상식한 이들 때문에 전체 반려동물 보호자에 대한 이미지가 나빠진다. 대부분의 반려동물 보호자들이 펫티켓을 잘 지키는데도 말이다.

서울시 25개 자치구에서만 연평균 700건에서 1,000건의 동물 관련 갈등 민원이 발생하고, 개 목줄 문제로 싸우다가 살인까지 벌어진 사례도 있을 정도이니 사태가 얼마나 심각한지 짐작할 수 있다.

카라 자료를 하나 더 살펴보자. 반려동물 보호자가 반드시 지켜야 할 에티켓에 대한 질문에 '배설물 처리'가 43.1%로 1위, '리드줄 착용'이 35.3%로 2위, '타인에 대한 배려'가 11.8%로 3위를 차지했다. 결국 배설물 처리와 목줄 착용만 잘 준수해도 갈등이 많이 줄어들 수 있다는 뜻이다.

보호자들이 높은 의식을 갖추고 스스로 펫티켓을 잘 준수하면 좋겠지만, 스스로 잘 준수하지 않은 일부 보호자들 때문에 법으로 펫티켓 준수를 의무화했다. 따라서 법에 규정된 펫티켓을 지키지 않다가 적발되면 과태료를 내야 한다. 동물보호법상 반려견 보호자가 지키지 않았을 때 과태료/벌금이 부과되는 기본적인 펫티켓은 크게 5가지다.

- 1. 동물유기
- 2. 동물등록
  동물등록 후 주소, 연락처, 동물사망 등 변경사항이 있을 시 변경신고
- 3. 외출 시 보호자 연락처가 기재된 인식표 부착
- 4. 반려견 동반 외출 시 리드줄 등 안전조치
  (맹견의 경우 입마개 착용까지)
- 5. 반려동물 배설물 수거

반려동물 보호자라면 이 정도는 기본이다.

개 물림 사고, 누구도 안심할 수 없다

*사례 1

경기도 용인에서 70대 여성이 이웃 주민이 키우던 핏불테리어에게 물려 오른쪽 다리와 왼손가락 일부를 절단한 사건이 발생했다. 핏불테리어의 보호자는 1년 6개월의 금고형을 선고받고 법정 구속되었다.

*사례 2

서울 도심에서 맹견 2마리가 잠긴 대문을 밀고 나와 길 가던 시민 3명을 덮쳐 1명이 중상을 입었다.

*사례 3

전북 군산에서는 집을 뛰쳐나간 맬러뮤트가 초등학생의 팔과 다리를 무는 사고가 발생했다. 개의 보호자는 목줄을 놓치자마자 개가 뛰쳐나갔다고 해명했으나 결국 불구속 입건되었다.

*사례 4

좁은 아파트 복도에서 폭스테리어가 갑자기 나타난 3살 여자 아이의 다리를 물었다. 영상이 공개된 이후 개의 안락사 여부를 놓고 설전이 벌어졌다.

개 물림 사고는 최근 우리나라에 엄청난 파장을 일으키는 중이다. 몇 년 전부터 개 물림 사고가 조금씩 이슈화되기 시작하더니 2017년 10월에는 전국을 뒤흔든 사건이 발생했다. 배우 최시원 씨 가족이 키우는 프렌치불독이 김 모 씨를 물었고, 그 뒤 1주일 만에 김 씨가 패혈증으로 사망하는 사고가 발생한 것이다.

김 씨가 사망한 원인에 논란이 일기도 했지만 최 씨 개에 물린 것이 첫 번째 원인인 것은 분명하다. 개의 보호자와 사망한 사람 모두 유명인이기에 이 사건은 사회적으로 큰 화제가 되었고, 담당 행정구청이 최 씨 가족에게 동물보호법상 목줄 미착용에 대한 1차 적발 과태료로 5만 원만 부과해 비난 여론이 들끓었다.

사건은 엘리베이터에서 발생했다고 알려졌다. 최 씨네 프렌치불독은 과거에도 사람을 문 일이 있고, 공격 성향이 강한 행동을 해결하려고 훈련소까지 다닌 적이 있었다. 이 때문에 반려인은 더 많은 주의가 필요했는데 잠깐의 방심이 사고로 이어진 것이다.

개 물림 사고가 사회적으로 큰 이슈가 되자 관련 규정을 강화하는 동물보호법 개정안도 연달아 발의되었고, 과태료 금액도 인상됐다. 동물 미등록 시 과태료는 1차 위반 20만 원, 2차 위반 40만 원, 3차 이상 60만 원으로 인상됐고, 배설물을 수거하지 않는 경우에는 1차 위반 5만 원, 2차 위반 7만 원 3차 이상 10만 원을 부과한다. 목줄 등 안전조치를 하지 않았을 때 역시 1차 위반 20만 원, 2차 위반 30만 원, 3차 이상 50만 원으로 강화됐다.

도그포비아로 번진 개 물림 사고

도그포비아는 그들만의 공포일까

"개를 데리고 엘리베이터에 타면 어떻게 해요! 당장 내려요!"
"(유모차에 탄 개를 보고) 사람이 먼저지 개가 먼저야. 말세야 말세."
"그렇게 큰 개를 그냥 데리고 나오면 안 되지. 빨리 데리고 들어가요."
"입마개 채워야 하는 거 몰라요? 빨리 입마개 채워요!"

지어낸 말이 아니다. 개 물림 사고가 사회적으로 이슈화된 뒤로 반려견 보호자들이 주변 사람들로부터 흔하게 듣는 말이다.

개 물림 사고는 일부 반려인의 펫티켓 미준수와 잘못으로 인해 발생한 문제다. 그런데 이것이 어느새 개를 키우는 사람 모두가 범죄자가 된 느낌을 받아야 하는 상황이 되어버렸고, '도그포비아' 현상마저 등장했다.

개 물림 사고가 지속적으로 일어나고 인명 피해까지 발생하자 비반려인들은 반려견에게 막연한 공포심을 갖고 반려견을 피한다. 반려견에 대한 공포는 반려인에 대한 항의와 비판으로도 이어진다. 특히 대형견 보호자들이 이런 일을 더 자주 경험한다. 골든 리트리버를 키우는 한 여성 보호자는 "아파트 1층에 살고 있는데, 어떤 분이 갑자기 대문을 쿵쾅 두드리고 나서 '개 데리고 나오지 마'라고 했다"고 말했다. 또 "개와 산책하는 나를 보고 집까지 쫓아와 소름 끼쳤다"라며 불안해했다.

반려견 보호자에 대한 이런 무차별한 비판에도 이유가 있다. 일부 반려견 보호자들의 비매너에 불만을 품고 있던 사람들이 개 물림 사고가 이슈화되자 참았던 분노를 한꺼번에 쏟아낸 것으로 보인다. 기분 좋게 새 신을 신고 외출했다가 개 배설물을 밟아 언짢은 경험을 한 사람이 모든 반려견 보호자들에게 불만을 갖게 됐고, 개 물림 사고가 이슈화되자 전체 보호자를 싸잡아 비난하게 된 것이다.

잇따른 개 물림 사고로 불만 폭발해

개 입마개 착용은 맹견으로 분류된 특정 품종 개에 한정된 의무사항이다. 모든 개가 입마개를 착용하지 않아도 되는데도 입마개 채우라며 소리를 지르고, 개를 키우는 이들을 '개빠'나 '견충'으로 비아냥대는 일까지 발생하고 있다. 원인은 의무사항을 위반한 일부 반려견 보호자로, 이들 때문에 모든 반려동물과 보호자들이 피해를 보고 있는 것이다.

한국소비자원에 따르면 개 물림 사고는 2011년 245건에서 2012년 560건, 2016년 1,019건으로 5년 사이 4배 가까이 증가했고, 2018년에는 1,962건이 발생하며 증가속도가 더 빨라지는 추세다. 개 물림 사고가 사소한 일로 치부할 수준을 넘어선 것이다. 한편으로는 사고가 더 자주 발생한다기보다 사회적으로 이슈화되다 보니 신고 건수가 늘었다고 해석해야 한다.

사고 횟수를 떠나, 사고의 원인을 살펴보자. 개 물림 사고의 원인은 대부분 목줄을 착용하지 않는 것에서 비롯된 반려인의 관리 소홀이다. 반려견과 관련된 민원의 상당수도 목줄 미착용이 원인이다. 현행 동물보호법에 명시된 목줄 착용 의무만 잘 지켰어도 사고와 민원은 줄어들었을 것이다.

다만, 펫티켓 위반행위에 대한 단속이 늘어나며 보호자들에게 경각심을 심어주고 있는 점은 다행이다. 2019년 1년 동안 지자체 동물보호감시원이 총 808건의 반려동물 관련 위반행위를 적발했는데, 동물미등록이 94건, 목줄/인식표 미착용, 배설물 미처리 등 동물관리미이행이 460건이었다. 중앙정부와 지자체는 앞으로도 종종 대대적인 합동 단속을 펼칠 예정이다.

성숙한 반려동물 양육 문화가 확산되어 단속에 적발되는 보호자들이 없어지는 날이 오길 바란다.

전국 개 물림 사고

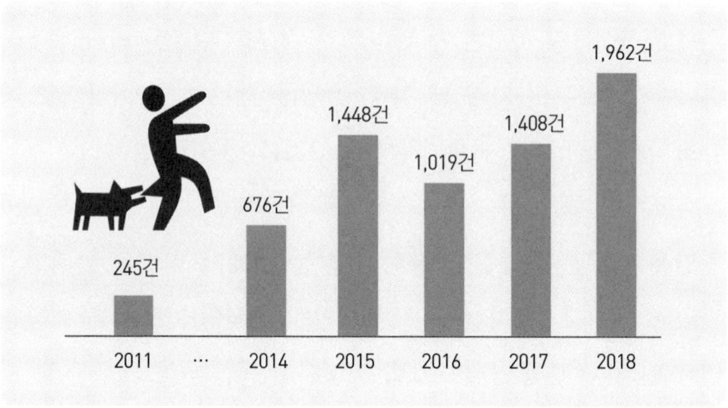

자료 : 한국소비자원

사태를 더 키운 그들의 눈가림

중앙정부의 실책도 아쉽다. 문제를 해결하려다 오히려 갈등을 부추기고 말았다. 현행법만 준수해도 개 물림 사고를 예방할 수 있음에도 불구하고 여기저기에서 문제를 제기하다 보니 등 떠밀리듯 반려견 안전관리 대책을 마련한 것이다.

대책 초안에는 반려견을 맹견, 관리대상견, 일반반려견 등으로 구분한다는 내용이 담겼는데, 맹견에 포함되는 견종을 기르지 않더라도 자신의 반려견이 사람에게 상해를 입힌 경험이 있거나 체고(體高) 40센티미터 이상인 반려견을 전부 관리대상견으로 분류해, 엘리베이터와 복도 등 건물 내 협소한 공간과 보행로 등에서 입마개 착용을 의무화했다.

관리대상견이라는 카테고리를 새롭게 만든 취지는 충분히 이해할 수 있다. 품종을 기준으로 맹견의 종류가 지정되어 있지만, 맹견으로 지정된 품종 중에서도 공격성이 전혀 없는 개체가 있고, 그 반대의 경우도 있다. 품종도 중요하지만 개체마다 차이가 있다는 것이다. 예를 들어, 맹견으로 분류되는 핏불테리어라도 사람에 대한 공격성을 보이지 않는 경우가 있고, 반대로 개 물림 사고의 사회적 논쟁을 불러온 최시원 씨네 프렌치불독은 맹견 품종이 아니지만, 사람에 대한 공격성을 여러 차례 드러냈다.

이에 정부는 품종 기준이 아니라 개체별 특성을 고려해 관리

대상견을 규정하고 별도로 관리하는 대책을 마련했다. 이런 사례는 해외에서도 흔하게 찾을 수 있고 취지도 동감한다. 문제는 기준이다. 사람을 물었던 개를 관리대상견으로 지정하는 것은 이해할 수 있지만, 체고 40센티미터 이상의 개를 모두 관리대상견으로 지정하겠다는 것은 문제의 소지가 많다. 마치 키 180센티미터 이상인 남자, 키 168센티미터 이상인 여자는 폭력을 행사할 가능성이 크니 실내에서는 수갑을 차야 한다는 규정을 만든 꼴이다.

새 법보다 올바른 관리법을 찾아야

더 큰 문제는 안전관리 대책을 마련하려는 반려견 안전관리 TF팀 회의에서 체고 40센티미터 이상 관리대상견 지정이 논란이 되었고, 회의에 참여한 동물보호 단체와 전문가들 대부분이 해당 기준을 반대했다는 점이다. 반대에도 불구하고 이런 대책을 발표할 만큼 정부가 이 대책을 밀어붙이는 이유가 궁금하다.

심지어 정부가 인증한 전문 기관의 평가를 거쳐 소유자가 안전하게 관리할 수 있다는 것을 증명할 경우, 관리대상견에서 제외할 수 있도록 예외 근거를 두었는데, 어떤 '전문 기관'에서 어떤 '기준'으로 그것을 증명한다는 걸까? 증명된 개체가 사고를 내면 정부가 대신 책임을 질 수 있을까?

이미 경기도에서 체중 15킬로그램 이상 반려견에게 일괄적으로 입마개 착용을 의무화시키겠다고 발표했다가 여론의 반대에 부딪혀 철회한 바 있다. 왜 지자체의 실수를 지켜보고도 중앙정부가 똑같은 실수를 반복하려는지 이해할 수 없다.

중앙정부, 지자체 할 것 없이 동물보호복지 전담 공무원의 인력과 관련 예산이 절대적으로 부족하다. 그래서 더 이런 대책이 아쉽게 다가온다. 인력이 부족하고 예산이 없으면 현행법의 실효성을 높일 방법을 찾는 것이 먼저다. 그리고 조직과 인력을 제대로 갖춘 뒤에 장기적인 안목을 갖고 안전관리 대책을 마련하는 것이 올바른 순서다.

도그포비아로 힘들어 하는 사람들과 정부 관계자들에게 당부드린다. 동물은 죄가 없다. 모든 것은 사람의 잘못이고 사람이 문제다. 일부 반려견 보호자의 잘못을 전체의 문제인 양 확대 해석해, 모든 반려견과 반려인들을 잠재적 범죄자로 취급하는 것은 문제를 해결하는 것이 아니라 편을 갈라 싸우자는 것에 불과하다. 논란이 지속되자 체고 40센티미터 이상 반려견 입마개 착용 계획이 철회된 것은 그나마 다행이다.

화풀이한들
세상은 바뀌지 않는다

개 물림 사고, 안락사가 최선일까

2017년 최시원 씨 반려견 개 물림 사고가 발생하자 한 언론사에서 최 씨 반려견의 안락사 찬반 투표를 벌였다. 2년이 지난 2019년 7월 폭스테리어 개 물림 사고가 발생하자, 다시 한번 안락사 여부를 놓고 논쟁이 벌어졌다. 개에 물린 사람이 죽었고, 또 어린 여자 아이가 물렸다. 납득할 수 있는 처벌과 재발 방지 대책을 마련해야 하는 것은 분명하다. 그런데 반려견의 안락사는 다른 차원의 문제다.

무엇인가를 무는 것은 개에게 자연스럽고 본능에 충실한 행동이다. 무엇을 물어도 되고 무엇을 물면 안 되는지를 교육시키지 않은 것은 주인의 잘못이다. 사람을 한 번이라도 문 개를 전부 안락사 시키고, 그 품종을 다 맹견으로 지정하면 문제가 해결될까? 그렇지 않다. 보호자들의 펫티켓 준수 문화가 자리 잡고, 반려견에 대한 올바른 교육을 받을 수 있는 곳이 늘어나며, 제대로 관리할 수 있는 사람만 반려견을 키울 때 개 물림 사고가 근본적으로 예방될 수 있다.

해외에서도 문제 행동을 보이는 반려견을 안락사하기도 한다. 단, 여론에 휩쓸려 안락사를 결정하지 않는다. 안락사는 불가역적인 선택이기 때문에 객관적인 기준을 바탕으로 신중하게 접근한다.

미국, 독일 등 선진국에서는 동물행동학을 전문적으로 공부한 수의사들과 훈련사들이 한 팀이 되어 개의 공격성을 평가한다.

사물에 대한 반응을 확인하는 기질검사부터 교상의 이력, 교상의 세기, 과거의 훈련 경험, 사회화 정도, 개의 품종, 크기, 부모견과 동배견의 공격성 등을 다각도로 검토한다. 만약 뇌종양이나 호르몬성 질병 때문에 공격성을 보인 것이라면 수의학적 치료를 통해 문제 행동을 치료한다.

기질검사의 경우, 간식을 주다가 멈추었을 때의 개의 반응을 살펴보는 기초적인 검사를 비롯해 40가지의 상황을 재현해본다. 물건이 갑자기 떨어졌을 때 어떤 반응을 보이는지, 지팡이를 짚고 가는 사람이나 술 취한 듯 비틀비틀 걷는 사람 옆을 지나갈 때 개가 어떤 모습을 보이는지도 관찰한다.

교상의 이력도 단순히 사람을 몇 번 물었느냐가 아니라 언제, 어디서, 누구를 어떻게 물었는지, 그리고 물기 전과 후에 어떻게 행동했는지까지 분석한다. 부모견과 동배견의 공격성을 분석해 유전적인 소질까지 평가한다. 그런 종합적인 판단 아래 안락사 여부를 결정한다. 한 번 안락사한 동물은 되돌릴 수 없기 때문에 신중을 기하는 것이다.

같은 조건의 개라도 주인과 생활환경에 따라 결과는 달라진다. '똑같은 품종의 개가 똑같은 세기로 똑같은 사람을 물어도' 65세 노인 한 명이 소형 아파트에서 개를 기르는 경우와 4인 가족이 전원주택에서 기르는 경우는 '개의 공격성에 대한 해결방법'도 달라져야 한다.

전문가 팀이 필요한 이유가 또 있다.

누리꾼들이 "개가 네 아이를 물었다고 생각해봐라", "사람을 문 개는 다 죽여야 한다"고 아무리 목소리를 높여도 주인은 자신의 개를 안락사 시키고 싶어 하지 않는다. 납득할 수 없기 때문이다. 전문가 팀이 객관적이고 과학적인 방법으로 안락사의 필요성을 설명해줘야 주인도 납득할 수 있지 않을까? 하지만, 안타깝게도 아직 우리나라에는 이런 객관적인 평가 시스템이 없다.

감정적 대응에 휩쓸리다 대안 마련을 위한 진지한 논의의 기회를 놓치고 마는 일이 매번 반복되고 있다. 하지만 이번에야말로 소모적 논쟁을 막는 합리적 대안이 마련돼야 한다. 이와 관련해 전문적이고 과학적으로 개의 안락사 여부를 평가할 기준과 전문가팀이 있어야 한다는 것이 내 생각이다.

정부는 동물복지 5개년 종합계획(2020~2024)에 개 물림 사고를 일으켰거나, 다른 사람 등을 위협한 개를 '위험한 개'로 분류하고 위험한 개의 기질(공격성)을 평가하여 그 결과에 따라 행동교정, 안락사 명령 등 의무를 부과하는 체계를 2022년까지 마련한다는 계획을 포함했다. 부디 제대로 된 전문가 팀에서 한국 현실에 맞는 평가 방식으로 개들의 공격성을 평가했으면 좋겠다. 그리고 이런 시스템이 자리 잡아, 더는 개 물림 영상 하나에 누리꾼들이 분열되어 소모적인 논쟁을 하는 일이 없었으면 좋겠다.

우리 집 개는 목줄 안 해도 괜찮다?

'주인의 관리 소홀로 맹견이 사람을 물어 사람이 사망할 경우 3년 이하의 징역 또는 3천만 원 이하의 벌금, 신체에 상해를 입힐 경우 2년 이하의 징역 또는 2천만 원 이하의 벌금.'

개에 물려 다치고 죽는 사건이 연달아 발생하고, 개 물림 사고가 사회적으로 논쟁거리가 되자 시행된 동물보호법이다. 이전에는 보호자의 부주의로 개가 사람을 물어 죽거나 다쳐도 유가족이나 피해자가 반려견 보호자의 처벌을 원하지 않으면 형사처벌 대상이 되지 않았다. 최 씨의 프렌치불독 사건에서도 강남구청이 최 씨 가족에게 목줄 미착용 과태료 5만 원만 부과한 것도 유가족이 최 씨 가족의 처벌을 원하지 않았기 때문이다.

그런데 이제는 법이 강화되어, 유가족이나 개 물림 사고 피해자의 의지와 상관없이, 주인의 잘못이 확인되면 징역형이나 벌금형 처벌이 내려진다. 일각에서는 '반려견 보호자를 잠재적 범죄자로 본다'는 주장이 나오기도 했다.

맹견에 대한 관리도 대폭 강화됐다. 맹견이 보호자 없이 기르는 곳에서 벗어나면 보호자가 처벌받는다. 또한, 맹견은 어린이집, 유치원, 초등학교에 출입할 수 없으며, 맹견 보호자는 매년 의무적으로 3시간씩 안전한 양육 및 관리에 관한 교육을 받아야 한다. 여기에 맹견 품종을 확대하는 방안까지 논의 중이다. 맹견 보호자에 대한 의무사항과 처벌조항이 급격히 늘어나면서 '동물보호법이 아니라 맹견처벌법'이라는 비난의 목소리까지 나왔다.

그런데 이미 기존 동물보호법에도 보호자의 관리가 의무화되어 있었다. '소유자 등이 3개월령 이상의 맹견을 동반하고 외출할 때 목줄 외에 입마개를 하도록' 규정하고 있으며, 맹견이 아닌 일반 반려견을 키우는 보호자도 반려견과 동반 외출할 때는 반드시 목줄을 채워야 한다.

반려견 보호자들이 기본 펫티켓을 잘 지켰다면 개 물림 사고도 발생하지 않았을 테고, 그러면 '반려견 보호자를 잠재적 범죄자로 취급하거나, 맹견 보호자의 의무를 대폭 강화하는 법안'도 생기지 않았을 것이다. 일부 반려동물 보호자들의 낮은 의식과 펫티켓 미준수 때문에 강압적인 법안이 생겨나고 말았다.

그런데도 여전히 "우리 집 개는 목줄을 안 해도 괜찮아요", "제 옆에만 붙어 있어요", "목줄을 하는 걸 불편해해요"라며 외출 시 목줄을 채우지 않는 보호자를 볼 수 있다. 이는 너무나 위험한 생각이다. 동물보호법 위반일 뿐만 아니라, 주변 이웃에게 피해를 주며, 다른 보호자들의 이미지까지 나쁘게 한다. 나아가 그런 생각으로 인해 자신의 개를 잃을 수도 있다.

"얘가 원래 목줄을 안 채워도 내 옆에만 있는 애인데……."

"목줄을 안 해도 한 번도 이런 적이 없었는데……."

목줄을 채우지 않았다가 반려견이 교통사고를 당했을 때 보호자들이 주로 하는 말이다. 아무리 우리 집 반려견이 온순하고, 주인이 반려견에 대해 가장 잘 안다고 해도 동물에게는 본능이 있다. 특정 상황에서 갑자기 찻길로 뛰어들거나 사람을 공격할 수 있다는 것이다. 따라서 키우는 반려견이 아무리 온순하더라도 반려견 보호자의 의무를 저버리는 일은 절대로 없어야겠다.

반려견에게 산책을 허하라

반려견 관리 의무가 강화되면서, 보호자들도 힘들기는 마찬가지다. 개중에는 사고 자체를 내지 않으려고 반려견을 산책시키지 않는 경우도 있다. 이는 빈대 잡으려고 초가삼간 태우는 격이자 반려견의 정신건강까지 해치는 행동이다. 사람에게 적절한 운동이 필요하듯 반려견에게도 운동이 필요한데, 반려견에게 가장 좋은 운동이 바로 '산책'이다. 산책은 반려견에게 단순한 운동이 아니다. 산책은 반려견에게 운동일 뿐만 아니라 하나의 놀이이고, 문제 행동을 줄이는 치료제이자 사회성을 길러주는 교육이다.

다른 사람이나 개들마저 무서워하는 반려견이 적지 않다. 이는 다른 사람이나 개들을 만난 경험이 없어서 생기는 현상이다. 그런 반려견일수록 어릴 때 산책을 많이 해보지 않았을 가능성이 크다.

강아지는 보통 생후 4주부터 12주까지 사회화를 거친다. 사회화 시기는 주변 환경을 인식하고 그에 대한 반응이 생기는 때로 운동능력이 크게 발달하며, 어미와 형제들, 그리고 사람과 상호작용을 하기 시작한다. 딱딱한 음식을 먹을 수 있고, 발을 들거나 꼬리를 흔드는 등 사회적 신호를 보내기도 하며, 물고 짖는 행동도 배운다. 이 기간의 기억이 평생 이어지는 만큼, 사회화는 반려견의 행동발달에 매우 중요한 시기다.

사회화 시기에는 많은 사람 만나기, 다른 반려견 만나기, 많은 장소 경험하기, 기본예절 교육시키기 등 다양한 경험을 하게 해 주어야 한다. 그래야 다른 사람이나 개들을 보고 무서워하는 일이 생기지 않는다. 이 모든 것을 할 수 있는 가장 좋은 방법이 산책이다. 산책하면서 운동을 하고, 자연스럽게 다른 사람과 개들도 만나며, 여러 장소를 방문하는 경험을 쌓을 수 있기 때문이다. 그뿐만 아니라 산책만 시켜도 분리불안 등 행동학적 문제를 개선할 수 있으며, 무엇보다 산책을 통해 반려견과 보호자가 서로 교감하고 더 친밀해질 수 있다. 이처럼 산책은 반려견에게 필수적인 요소다.

한 수의과대학 교수는 수의사들을 대상으로 한 강의에서 "반려견을 산책시키지 않는 것은 동물학대이며, 산책으로 반려견과 사람이 모두 더욱 건강해질 수 있다"면서, "수의사로서 반려견에게 산책을 처방하라"고 강조했다. 야외생활이 필수적인 반려견에게 실내에만 있도록 하는 것은 고통스러운 일이라는 지적이다.

또한 반려견을 산책시키면 반려견뿐만 아니라 보호자의 건강도 좋아지는 장점이 있다. 비만이 해결되고, 심근경색 회복률이 높아지며, 불면증이 줄어들고, 병원 내원 횟수가 상대적으로 적어진다는 것은 이미 과학적으로 입증되었다. 반려견의 건강을 위한 산책이 사람의 건강에도 도움을 준다는 점에서 산책은 사람의 건강과 동물의 건강, 생태계의 건강이 하나로 연결되는 원헬스(One Health)의 대표적인 활동이다.

따라서 반려견 예방접종이 2차 정도 지났을 때부터 조금씩 산책을 시도하고 예방접종 스케줄이 마무리되면 본격적으로 산책에 나서도록 하자.

여기서 주의할 점이 있다. 혹시 반려견이 싫어하는 데도, 산책 중에 만난 다른 강아지와 억지로 인사를 시키려고 한 적은 없는가? 많은 보호자가 산책 중에 다른 반려견을 발견하면 "친구야 친구~ 인사해야지"라며 목줄을 잡아당긴다. 대부분의 강아지는 괜찮으나, 다른 강아지를 무서워하는 반려견에게는 절대 하면 안 되는 행동이다.

반려견은 두려움을 느낄 때 도망가거나, 얼어붙거나, 공격하는 세 가지 중 한 가지 행동을 한다. 산책 시에는 목줄이 있어서 도망갈 수 없기 때문에 두려움과 공포가 더 커지고, 보호자나 반대편에서 다가오는 개를 공격할 가능성도 높아진다. 따라서 산책할 때 다른 개에게 두려움을 느끼는 반려견을 키운다면, 억지로 인사시키려고 하지 말고 천천히 한 단계씩 조심스럽게 인사시켜주길 바란다. 만약 반려견이 계속 싫어한다면 차라리 다른 개를 피해서 돌아가자. 다른 개와 인사를 하지 않는다고 죽는 것도 아니지 않는가? 물론 산책할 때 인식표와 목줄을 착용하고 배변봉투를 챙기는 것은 기본 중의 기본이다.

안내견과 반려견은 같지만 다르다

"왜 큰 개를 데리고 지하철을 타요"

지하철 안에서 무개념 인간이 또 등장했다. 이번에는 지하철에 안내견을 데리고 탑승한 시각장애인에게 "이런 큰 개를 데리고 지하철을 타면 어떻게 해요! 사과해요!" 하며 소리를 지른 경우다. 이 사건은 당고개 방면 4호선 지하철 안에서 발생했는데, 불만을 제기한 사람은 그 개가 시각장애인 안내견이라는 것을 알면서도 역무원을 불러 "개를 데리고 탄 승객이 있다"며 항의까지 했다.

당시 지하철 안 노약자석에 앉아 있던 원피스 차림의 한 젊은 승객이 갑자기 “꺄악” 하며 소리를 질렀다. 지하철 안 승객들 모두 그쪽을 보니, 소리를 지르는 승객 근처에 한 시각장애인이 자신의 안내견을 데리고 앉고 있었다.

주위에서 시각장애인 안내견이라고, 소리 지르는 승객을 말렸지만 막무가내였다. 그 승객은 “어떻게 이런 큰 개를 데리고 지하철을 타느냐!”, “사람 놀라지 않느냐!”며 목소리를 높였다. 또한, 장애인한테 자신이 앉아 있던 좌석에 있는 신문을 내놓으라고 소리까지 질렀다. 이에 시각장애인이 더듬더듬 주변을 손으로 훑기 시작했고, 시각장애인을 대신해 다른 사람이 신문을 집어주자 “됐어요! 더러우니까 치워요!”라고 말했다고 한다.

그 승객은 시각장애인에게 자신이 큰 개 때문에 놀랐으니 사과하라고 요구했다. 시각장애인이 사과하지 않자 아예 옆 칸으로 가더니 비상 전화기로 승무원에게 지하철을 세워달라고 요구했다. 해당 지하철 칸으로 뛰어온 역무원은 그 승객에게 시각장애인 안내견이라고 설명했지만, 들은 체도 하지 않았다고 한다. 당시 상황을 목격한 사람은 “시각장애인이 안내견을 데리고 장애인석에 앉아 가는 게 사과할 일이냐”며, “(소리를 지른 사람은) 멀쩡한데도 장애인석에 앉아 있었다. 공공장소에서 소리 지르고, 지하철 세우고……. 개념이 없어도 너무 없었다”고 했다. 그리고 이 말도 덧붙였다.

“아무쪼록 시각장애인이 그 일로 큰 상처를 받지 않았으면 좋겠습니다."

이 글에 누리꾼들은 "무식한 사람이 교양을 따지다니", "이기적인 사람은 공공시설을 이용하지 못하게 하자" 는 반응을 보였다.

한쪽 말만 듣고 사건을 정확하게 파악할 수는 없지만, 아직까지 시각장애인 안내견에 대한 의식이 낮다는 것을 확인할 수 있다.

"개는 버스에 태울 수 없어요"

안내견은 규정상 지하철에 보호자와 함께 탈 수 있다. 또한, 안내견 교육을 받은 개는 보호자가 위험에 빠진 상황이 아니면 짖지 않고, 주변 사람에게 피해를 주지도 않는다. 장담컨대 소리친 그 분보다 훨씬 얌전하고 조용하다. 그런데도 안내견과 함께 버스를 타려던 다른 시각장애인이 승차를 거부당한 일이 또 발생했다.

1급 시각장애인 A 씨는 안내견을 데리고 버스에 타려다가 난데없는 고성을 들었다. 운전기사가 "어디서 개를 버스에 태우느냐!"며 소리를 지른 것이다. 이에 A 씨가 안내견은 대중교통 탑승이 법적으로 보장된다고 말했지만 기사는 "벌금 낼 테니 내리세요!"라면서 교통카드를 대려는 A 씨의 손을 밀쳐냈다. 결국 A 씨는 다른 승객들의 동의를 구한 후에야 버스에 탈 수 있었고, 기사는 "앞으로 개를 데리고 타려면 묶어서 상자에 담아 타라"면서 물러서지 않았다. A 씨는 이 경험을 인터넷에 올리고 국가인권위원회에 진정했다.

이 사건을 접한 다른 장애인은 "같은 장애인으로서 너무 서러운 소식이네요. 장애인들은 대중교통 이용하기가 너무 힘듭니다"라는 고충을 털어놓았고, 분노한 누리꾼들은 기사에 대한 항의 글을 쏟아냈다. 결국, 해당 버스 업체는 홈페이지에 기사에 대한 처벌과 재발방지를 약속하는 글을 올렸다.

이처럼 안내견에 대한 사회적인 의식이 부족해서인지 공공장소에서 안내견의 출입을 막는 경우가 종종 발생하고 있다. 안내견은 고도의 훈련을 받았기 때문에 대중교통이나 숙박시설 같은 모든 영역에 출입이 가능하고, 이를 정당한 이유 없이 거부하면 법에 따라 처벌받는다. 장애인복지법에 따라 누구든지 보조견 표지를 붙인 장애인 보조견을 동반한 장애인이 대중교통 수단을 이용하거나 공공장소, 숙박시설 및 식품접객업소 등 여러 사람이 다니거나 모이는 곳에 출입할 때 이를 막을 수 없다. 장애인 보조견 훈련자와 훈련 관련 자원봉사자가 장애인 보조견을 동반한 경우에도 마찬가지다. 이를 어길 경우 1,000만 원 이하의 과태료가 부과될 수 있다. 따라서 더 이상 시각장애인 안내견의 대중교통 탑승을 비난하거나 탑승을 거부하는 일은 일어나지 않았으면 좋겠다. 안내견은 그분들의 눈이다. 우리도 눈을 감고 버스에 탈 수는 없지 않은가.

안내견을 만나면 마음으로 응원해야

일반인들도 주의할 점이 있다.

시각장애인 안내견은 선천적으로 인내력과 집중력이 좋은 리트버리 품종 중에서도 정식 교육과 시험을 통과한 개들만 선발된다. 우선 생후 7주령의 강아지가 자원봉사자의 가정으로 1년간 위탁되어 일반적인 반려견처럼 키워진다. 퍼피워킹이라고 부르는 사회화 과정이다. 이후 종합평가에 합격하면, 안내견학교에서 6~8개월의 교육을 받는다. 그 후 안내견의 특성을 파악하고, 사용자인 시각장애인에 대한 분석을 통해 장애인에게 가장 적합한 안내견을 매칭한다. 매칭 후에는 안내견과 장애인이 함께 4주간 적응교육을 받는다. 이외에도 정기적인 교육을 받아야 한다.

안내견은 다른 개와 달리 잘 짖지 않는데, 이는 앞을 보지 못하는 보호자가 놀라서 당황하지 않도록 하기 위함이다. 안내견은 보호자가 위험할 때만 짖도록 교육받는다.

이처럼 시각장애인 안내견은 고도의 집중력으로 자신의 본능을 감추고, 스트레스를 참아가면서 사람을 위해 노력하기 때문에 수명도 일반 반려견에 비해 짧다. 자신을 희생하면서 사람을 돕는 친구인 것이다. 따라서 일반 사람들도 길에서 시각장애인 안내견을 만났을 때 방해하면 안 된다.

아래는 시각장애인 안내견을 만났을 때 주의 사항이다.

- 보행 중인 안내견을 쓰다듬는 것은 금물이다. 보호자가 아닌 다른 사람이 안내견을 만질 경우 안전한 보행에 지장을 주어 예기치 못한 사고로 이어질 수 있다.
- 안내견에게 먹이를 주는 것도 삼가야 한다. 안내견은 최선을 다해 임무를 수행하고 있는 중이다. 이때 먹을 것을 주면 집중력이 흐트러질 수 있다.
- 안내견을 부르거나 사진 찍는 것도 하지 말자. 안내견이 기특하다고 해서 안내견을 부르거나 스마트폰으로 사진을 찍는 행동 역시 안내견의 집중력을 떨어뜨릴 수 있다.

주변에서 안내견을 만난다면 마음속으로 응원해주는 것으로 충분하다. 동물로서 자신들의 본능을 참고 희생해가며 사람을 돕는 안내견들을 위해 우리가 지켜야 할 에티켓을 결코 잊지 말자.

반려견과
함께 차를 탈 때

"탑승 안 되니 트렁크에 넣어라"

시각장애인 안내견만 대중교통 탑승을 거부당하는 것이 아니다.

내가 아는 한 후배 수의사도 반려견과 함께 시외버스를 타려다가 억울하게 탑승 거부를 당한 적이 있었다.

2015년 여름, 청주에서 김포공항으로 가려고 시외버스를 탑승할 때 일어난 일이다. 하필이면 당일 마지막 버스였다. 전용 이동장에 반려견을 넣어 데려갔지만 버스기사가 "이동장에 넣은 반려동물도 탑승은 불가하니 버스 트렁크에 넣어 달라"고 했다. 당시 후배는 '반려견과 버스에 같이 탈 수 있다'는 인터넷 글을 봤던 것이 전부라 "회사 내규가 동반탑승을 금지하고 있다"는 버스기사의 말에 반박하지 못했고, 마지막 버스를 타지 않을 수도 없어서 기사의 지시에 따를 수밖에 없었다. 그렇게 후배의 반려견은 화물칸에 실려 김포까지 가야 했고, 후배는 김포에 도착해서 스트레스로 인해 구토물에 범벅된 반려견을 보고 또 한 번 가슴앓이를 해야 했다.

억울했던 후배는 국토교통부에 민원을 제기했고, "여객자동차 운수사업법에 따라 장애인 보조견 및 전용 운반상자에 넣은 애완동물은 차량 내 탑승이 가능하다"는 정식 답변을 받은 뒤에 해당 버스회사의 반려동물 승차 거부가 부당한 조치였음을 알았다. 동물과 늘 함께하는 그조차 이런 일을 당하는데, 일반인이라면 얼마나 더할까.

물론 모든 대중교통 이용 방법이 똑같은 것은 아니다. 그래서 반려동물과 대중교통을 이용할 때 주의할 점을 정리한다. 이를 통해 반려동물과 대중교통을 이용할 때 억울한 일을 당하지 않기를 바라며, 대중교통업계 종사자들도 무작정 반려동물 탑승을 거부하지 않기를 당부드린다.

대중교통, 알아야 편하게 갈 수 있다

시내버스, 마을버스, 시외버스 등 모든 버스는 여객자동차운수사업법에 의해 관리 받는다. 이 법 시행규칙 별표에는 '다른 여객에게 위해를 끼치거나 불쾌감을 줄 우려가 있는 동물을 자동차 안으로 데리고 들어오는 행위'를 제지할 수 있도록 규정하고 있다. 마치 반려동물을 데리고 버스를 이용하지 못할 것 같지만, 예외 조항이 있다.

몇 년 전까지는 장애인 보조견만 예외로 두고 있었지만, 현재는 장애인 보조견 및 전용 운반상자에 넣은 동물까지 예외 규정을 확대했다. 즉 반려동물을 전용 이동장에 넣으면 버스에 함께 탈 수 있다. 후배의 사례에서 국토교통부가 "전용 운반상자에 넣은 애완동물은 차량 내 탑승이 가능하다"고 답한 것도 이 규정을 적용한 것이다.

그럼에도 여전히 반려동물의 탑승을 거부하는 버스기사가 있기 때문에 규정을 정확하게 알고 있어야 후배처럼 억울한 탑승거부를 면할 수 있다.

지하철의 경우, 지하철 운영기관에 따라 규정이 조금씩 다른데, 사실상 모든 지하철에서 반려동물 동반 탑승을 허용하고 있다. 서울지하철의 경우 서울메트로 여객운송약관에 동물과 함께 탑승할 수 없다고 되어있지만, 반려동물을 이동장에 넣고 안이 보이지 않게 하여 불쾌한 냄새가 발생하지 않는다면 같이 타는 것을 허용한다. 장애인보조견 표지를 부착한 장애인보조견이 탑승할 수 있는 규정도 당연히 있다.

서울지하철뿐만 아니라 인천, 대전, 부산 등 각 지하철공사 역시 문구에는 조금씩 차이가 있지만 전용 이동장에 넣으면 반려동물과 같이 타는 것을 허용하고 있다. 이는 기차도 마찬가지다. 단, 기차는 한 가지 조건이 있다. 한국철도공사 여객운송약관에 따라 가방 등에 넣어 보이지 않도록 하고 광견병 예방접종 등 필요한 예방접종을 한 반려동물만 동반탑승을 허용하고 있다. 이동장에만 넣으면 되는 것이 아니라 필수 예방접종을 다 완료해야 탈 수 있다는 점 기억하자.

택시와 비행기도 같이 탈 수 있을까

택시는 택시사업자가 정하는 운송약관 또는 영업지침에 따라 결정된다. 택시 회사별로 자체 기준에 따라 반려동물과 같이 타는 것을 허용하거나 거절할 수 있다. 회사마다 기준이 다르다고 해서 모든 택시회사의 지침을 파악하는 것은 사실상 불가능하지만 그렇다고 반려동물과 동반탑승을 포기할 필요는 없다. 최근 펫택시라는 대안이 생겼기 때문이다.

펫택시 회사들은 실제 택시회사는 아니고, 동물보호법상 동물 운송업으로 등록한 뒤 전문적인 반려동물 운송업 서비스를 실시하는 회사를 말한다. 반려동물 전문 이동차량을 이용해 보호자의 집 앞에서 원하는 목적지까지 반려동물과 함께 이동시켜주는 서비스다. 펫택시 회사가 처음 생겼을 때는 동물운송업 등록 기준이 신설되기 전으로, 법적인 기준이 없는 탓에 일반 택시사업자들의 반발이 거셌다. 다행히 동물보호법에 동물운송업이 신설되어 지금은 합법적으로 등록된 펫택시 업체를 이용할 수 있다.

반려동물 동반탑승을 거부당한 경험이 있다면 펫택시 서비스를 이용해볼 것을 권한다.

비행기 탑승과 관련해서는 기내에 동반탑승하는 경우와 화물칸을 통해 짐으로 부치는 경우가 있다. 각 항공사 약관에 따라 기내 동반탑승 가능 여부가 달라지는데, 우리나라 대표 국적기들은 몸무게 5킬로그램 이하의 소형 반려동물의 기내 동반탑승을 허용하고 전용 이동장까지 제공한다. 소형견은 기내 동반탑승이 가능하고, 중대형견은 화물로 부쳐야 한다고 생각하면 쉽다. 그런데, 일부 항공사의 경우 소형견이라 하더라도 기내 탑승을 허용하지 않으므로 사전 확인이 필요하다.

기내 동반탑승을 허용하지 않더라도 관련 서류 구비만 완료하면 케이지에 넣어 화물칸을 통한 이동은 가능하다. 비행시간 동안 떨어져 있어야 하지만 그래도 목적지까지 함께 이동할 수 있는 것이다. 얼마 전까지는 항공사 수화물 위탁 무게 제한 이상의 대형견을 화물칸에 실을 수 없었기 때문에 몸무게 20킬로그램 이상 대형견은 비행기에 탈 수 없었다. 하지만, 최근 항공사 수화물 무게 제한 기준을 반려견에 적용하지 않도록 규정이 변경되면서 대형견도 보호자와 동반 비행기 탑승이 가능해졌다. 비록 화물칸으로 부쳐야 하지만 말이다.

이처럼 반려동물과의 대중교통 이용은 법과 약관에 따라 차이가 있지만, 이동장에 넣고 주변에 피해를 주지 않으면 동반탑승이 가능하다고 정리할 수 있다. 따라서 반려동물과 당당하게 대중교통을 이용하되 규정을 지키는 것 역시 빠뜨리지 말자.

비행기에서도 지켜야 하는 펫티켓

최근 반려동물과 함께 비행기로 여행하는 승객이 빠르게 늘고 있다. 이에 따라 반려동물 기내반입 건수도 매년 급격히 증가하고 있는데, 대한항공, 아시아나항공, 이스타항공, 티웨이항공 등 국내 4개 항공사의 반려동물 기내반입 건수를 조사한 결과, 2015년 2만 8,182건, 2016년 3만 3,437건, 2017년 4만 1,343건에 이어 2018년에는 연간 5만 건을 돌파한 것으로 추정된다. 몇 년 만에 2배 이상 증가한 것이다. 해외에 같이 가는 경우도 있지만, 제주도에 같이 가는 분들이 특히 많다고 한다.

통계에 잡히지 않는 경우까지 합치면 실제 반려동물 동반 기내탑승은 더 많을 것으로 예상된다.

항공사별로 반려견 기내 동반탑승 기준이 조금씩 다르지만, 공통적인 기준이 하나 있다. 바로 '케이지에 넣어서 동반탑승 해야 한다'는 것이다. 거의 모든 항공사가 쾌적한 기내환경 유지를 위해서 반려동물을 케이지 밖으로 꺼내는 것을 금지하고 있다. 그런데, 이 규칙을 어기는 보호자가 늘어나면서 다른 승객들이 피해를 보는 일이 발생하고 있다.

얼마 전, 김포에서 제주도로 가는 아시아나항공에서 강아지를 꺼낸 상태로 여행하겠다는 승객이 승무원과 실랑이를 벌이는 바람에 비행기 이륙이 2시간이나 지연되는 사건이 발생했다. 또한 비행 중에 강아지를 케이지에서 꺼낸 승객 때문에, 알러지가 있는 옆 승객이 피해를 본 사례도 있었다.

반려견이 케이지 안에서 답답해하는 것이 안타까울 수는 있다. 그러나, 정해진 규칙은 지켜야 하지 않을까? 기내 동반탑승 반려견을 케이지에서 꺼낸다고 법적으로 처벌받지는 않는다. 하지만 다른 사람에게 피해를 주지 않기 위해 지켜야 할 기본적인 '에티켓'이다. 땅에서도 지키는 펫티켓, 이제는 하늘에서도 꼭 지키자.

반려동물과 함께 해외여행 가기

반려동물의 비행기 탑승은 항공사 약관에 달려 있지만, 그 외의 출국준비 사항은 각 국가의 동물 검역 기준을 따른다. 따라서 우리나라의 검역 기준과 방문하는 국가의 검역 기준을 미리 파악해야 한다. 특히 방문 국가의 기준을 알아두는 것이 중요하다.

대부분의 국가에서 광견병 예방접종 및 동물등록 여부를 확인하기 때문에 해외로 반려동물을 데리고 나가려는 보호자는 미리 광견병 예방접종을 맞힌 뒤 수의사에게 접종증명서를 발급받고, 내장형 마이크로칩으로 동물등록을 마쳐야 한다.

광견병 중화항체가 검사 결과를 요구하는 국가도 있으므로 사전에 꼭 확인해야 한다. 광견병 항체가 검사는 일선 동물병원에서 혈액검사를 받으면 각 동물병원에서 항체가 검사기관에 의뢰한 뒤 보호자에게 결과를 알려준다. 우리나라 역시 수입 개와 고양이에 대한 광견병 항체가 검사를 2012년 12월부터 의무화했기 때문에 개, 고양이를 데려오는 경우에도 반드시 광견병 예방접종 및 항체가 검사를 받아야 한다. 아울러 검역관이 발행하는 검역증명서도 놓치지 말아야 한다. 검역증명서는 농림축산검역본부 검역관으로부터 서류검사와 임상검사를 받은 뒤 발급받을 수 있는데, 검역수수료는 건당 1만 원이다.

개와 고양이의 검역 절차, 각 국가별 검역 조건, 수출반려동물

검역 예약, 광견병 항체가 검사 신청, 개와 고양이 수입검역 방법 등은 농림축산검역본부 홈페이지(www.qia.go.kr)에서 확인할 수 있다. 규정이 다소 복잡할 수 있으나, 최근에는 반려동물 해외운송을 전문적으로 도와주는 동물병원도 있기 때문에 너무 걱정하지 않아도 된다. 반려동물과 해외여행은 더 이상 어려운 일이 아니다.

공항 활주로에서 사살된 반려견

몇 년 전, 반려견 동반 해외출국과 관련해 안타까운 일이 있었다. 비행기 화물칸에서 탈출한 반려견이 인천공항 활주로에서 사살된 사건이었다. 사살된 반려견은 소형견이었지만 해당 항공사가 반려동물의 기내 동반탑승을 허용하지 않아 반려견을 화물칸에 실었다가 봉변을 당했다.

사건 당시 태국인 보호자는 반려견 3마리를 태국으로 데려가는 중이었고, 규정에 따라 반려견들을 전부 화물칸에 부쳤다. 그리고 얼마 뒤 항공기 수화물칸으로 보낸 반려견이 사살되었다는 소식을 들었다. 케이지의 잠금장치가 풀리면서 3마리의 반려견 중 1마리가 활주로로 뛰쳐나갔고, 공항 관계자들이 잡으려고 했지만 실패했다. 결국, 인천공항 측은 탈출 15분 만에 야생조수관리팀을 투입해 개를 사살하고 말았다. "그 때문에 비행기 이륙이 지체되었고, 더 큰 사고를 예방하기 위해 어쩔 수 없었다"는 것이 공항 측의 설명이었다. 잠금장치가 풀려 활주로로 나왔지만, 태국인 보호자는 "수차례 잠금장치를 확인했다"고 언론에 밝혀 안타까움을 더했다.

비슷한 상황에서 해외 공항들이 어떻게 대처했는지 찾아보면 아쉬움이 더한다. 2016년 9월, 일본 도쿄 하네다공항에서 비슷한 일이 발생했다. 오후 5시 40분쯤 하네다공항에 도착한 JAL516편에서 보더콜리 1마리가 화물칸을 탈출해 활주로로 도망쳤다. 도망친 개는 공항 관계자에 의해 1시간 30분 만에 반려인의 품으로 돌아올 수 있었다. 하네다공항 측은 활주로 일부를 폐쇄시킨 후 개를 구조했다. 물론 살아 있는 채로. 미국 LA공항에서도 반려견이 케이지를 물어뜯고 탈출해 공항 활주로를 1시간 정도 누비고 다닌 일이 있었는데, 당시 공항 측은 비행기를 연착시키면서까지 개를 생포해 보호자에게 인도했다.

상황이 다르기 때문에 해외 사례와 무조건 비교할 수는 없지만, 그래도 탈출 15분 만에 개를 사살한 인천공항에 대한 비난이 꽤 거셌다. 반려견 케이지 잠금장치에 대한 확실한 점검이 있어야 하는 것은 물론 살아 있는 동물이 비행기에서 탈출했을 때의 대응 매뉴얼을 더 구체적으로 손봤으면 좋겠다.

자가용 안이라고 방심하지 말자

지금까지 반려동물과 함께 대중교통을 이용하는 방법을 알아봤다. 그렇다면 자가용은 어떨까? 자가용은 보호자의 차량이기 때문에 당연히 탑승을 거부당할 일이 없다. 하지만, 반려동물과 함께 자가용을 탈 때도 주의해야 할 사항이 있다.

*사례 1

앞서가던 흰색 차량의 조수석 창문에서 갑자기 강아지가 창문을 넘어 차 밖으로 뛰어내린 뒤 차량 진행 방향의 반대편으로 달리기 시작했다. 운전자는 강아지를 찾으려 급히 차를 세웠고, 이로 인해 뒤를 따르던 차들도 다급히 차를 세우는 상황이 발생했다. 강변북로 한복판에서 벌어진 일이었다. 강아지를 잡기 위해 차들의 반대 방향으로 달려야 했던 운전자는 다행히 별다른 사고 없이 강아지를 찾아서 다시 차에 태울 수 있었지만, 자칫하면 큰 사고로 이어질 수 있었던 아찔한 사건이었다.

*사례 2

서울 서대문 사거리에서 차가 갑자기 인도로 돌진하는 일이 있었다. 당시 목격자의 말에 따르면 승용차 한 대가 갑자기 인도 쪽으로 달려들어 행인들의 간담을 서늘하게 했는데, 다행히 차량은 인도 바깥쪽에 있는 가로수를 들이받았고, 인명사고로 이어지지는 않았다. 만약 가로수를 들이받지 않았다면 인명 피해로 이어졌을지도 모르는 일이었다. 알고 보니 해당 승용차의 운전자가 반려견을 조수석에 태우고 운전하다가 창문 밖으로 나가려는 반려견을 잡으려고 핸들을 놓쳐 발생한 사고였다.

*사례 3

한 운전자가 반려견을 안고 운전을 하고 있었는데, 반려견이 갑자기 운전자의 가랑이 사이로 빠져나가 브레이크 페달 쪽으로 들어가버렸다. 운전자는 브레이크를 밟지 못해 크게 당황할 수밖에 없었다. 다행히 차량을 가까스로 멈출 수 있었는데, 그렇지 않았다면 도로 바로 옆 5미터 아래 논두렁으로 추락할 뻔했다.

왜 이런 일이 일어나는 걸까? 운전자들이 위험성을 전혀 모르기 때문일 것이다. 실제로 SNS를 들여다보면, 강아지를 안은 채로 운전하거나 강아지 앞발을 핸들에 올려놓고 운전 중인 사진을 흔하게 볼 수 있다. 하지만 이런 행동은 위험한 행동일 뿐만 아니라 불법행위다. 도로교통법 제39조에는 "모든 차의 운전자는 영아나 유아, 동물을 안고 운전하면 안 된다"고 명시되어 있고, 이를 어기면 5만 원 이하의 범칙금이 부과된다.

따라서 반려동물과 함께 자가용에 탈 때는 반드시 이동장 안에 넣거나 반려동물용 카시트를 별도로 착용시키길 바란다. 그래야 법도 지키고, 사람과 반려동물의 안전도 보장할 수 있다.

사랑할수록 지킬 것도 철저히!

반려동물에 대한 생각
넷

더 이상 상처받고 싶지 않아요

집사가 되게 해주셔서 감사합니다

고양이는 외롭지 않다는 거짓말

"개를 키우지 못하겠다면 고양이를 키워봐. 고양이는 혼자도 잘 있거든."

"고양이는 독립적인 동물이라서 외로움을 안 느껴."

이런 말을 들어보았을 것이다. 정말 그럴까? 고양이는 혼자 있어도 외로움을 타지 않을까?

2017년, 반려묘와 삶을 공유할 때 살펴야 할 팁을 소개한 《고양이님, 저랑 살 만하신가요?》를 펴냈다. 나와 14년째 같이 사는 고양이 루리에 대한 에피소드를 정리한 이 책은 수의과대학 학생 시절, 아무런 준비 없이 우연한 계기로 길냥이를 만난 뒤 내가 겪은 경험과 고양이에 관한 다양한 정보를 담은 책이다. 그런데 이 책의 원래 제목은 '고양이도 외롭다'였다. 고양이는 개와 마찬가지로 사회적인 동물인데도 불구하고 독립적이고 혼자 있기를 좋아한다는 선입견이 덧씌워졌다. 이 때문에 고양이가 많이 힘들어 하는 것을 깨닫고 '고양이도 외롭다'는 제목으로 고양이에 대한 잘못된 생각을 줄이고 싶었다.

민망한 말이지만 나도 '고양이는 혼자 있어도 외로워하지 않는다'고 생각한 적이 있었다. 그런데 2016년 가을, 학회에서 세계적인 동물행동학자인 캐서린 홉 코넬대학교 명예교수의 강의를 듣고, 생각을 바꿨다. 캐서린 홉 교수가 조사한 바에 따르면 같은 품종의 고양이라도 집고양이가 길고양이보다 하루에 더 많은 시간 잠을 잔다고 한다. 길고양이는 하루 중 40%를 잠에 사용하는 데에 비해 집고양이는 하루 중 약 60%의 시간 동안 잠을 잔다.

편견으로 지속되는 조용한 학대

길고양이와 집고양이는 '밖에서 생활하는지, 아니면 집 안에서 생활하는지' 차이밖에 없는데 왜 자는 시간이 달라질까? 집에서 살면서 긴장감이 완화되고 음식을 찾지 않아도 되는 점도 영향을 미쳤겠지만, 가장 큰 이유는 심심해서다.

고양이가 하루에 사용하는 시간(%)

	자는 시간	휴식시간	그루밍	사냥/놀이	식사	이동시간
길고양이	40%	25%	15%	15%	2%	3%
집고양이	60%	25%	10%	1%	3%	1%

자료 : Katherine A. Houpt(코넬대학교 명예교수)

표를 보면 휴식시간, 그루밍, 식사시간, 이동시간은 길고양이와 집고양이가 큰 차이가 없지만 사냥시간과 놀이시간은 길고양이가 15%, 집고양이가 1%로 큰 차이를 보였다. 집고양이는 사냥을 하지 않기에 놀이시간이 곧 사냥시간에 해당한다. 그런데, 집고양이는 하루 중 노는 시간이 1%밖에 되지 않기 때문에 남는 시간에 심심해서 잠을 자는 것이다.

그만큼 "고양이는 혼자 둬도 괜찮아", "고양이는 독립적인 동물이고 혼자 있는 걸 좋아해", "외로울까봐 개를 못 키우겠으면 고양이를 키워봐"라면서 고양이를 방치하는 경우가 많다는 뜻이다. 이런 편견과 선입견 때문에 고양이들이 '조용한 학대'를 당한다는 말까지 나온다. 실제로는 외로운데 혼자 있어도 된다고 생각해 오랜 시간 혼자 두고 잘 놀아주지 않아 학대를 당하는 것이다.

집고양이들은 지금 외롭다. 집고양이들은 지금 방치되고 있다. 그러니 고양이들과 많이 놀아주자. 고양이와 놀아주는 것은 고양이뿐만 아니라 집사에게도 필요한 일이다. 같이 놀아줌으로써 고양이와 집사 간의 정신적인 교감과 유대감이 형성되고, 이는 집사에게도 큰 행복이지 않은가.

자유롭고 자연스러운 삶을 위하여

혹시 동물원에서 곰에게 먹이를 줄 때 먹이를 얼려서 주거나, 원숭이에게 과일을 그냥 주지 않고 밧줄이나 나무를 대롱대롱 매달아두는 모습을 본 적 있는가? 공, 향기 나는 꽃, 과일 모빌, 퍼즐 먹이통, 스크래치 기구, 드럼통을 양육장에 넣어주는 것은? 이런 행동은 모두 동물행동풍부화를 위한 노력이다. 동물행동풍부화란 동물원, 수족관, 실험실 등 야생과는 다른 환경에 있는 동물이 자연스러운 행동을 할 수 있도록 도와주는 프로그램을 의미한다. 이를 통해 동물의 스트레스가 감소하고, 제한된 공간에서 보이는 무료함과 비정상적인 행동도 줄어든다.

야생에서 대나무 잎을 잡고 음식을 먹는 습성이 있는 랫서팬

더를 위해 대나무 통에 구멍을 뚫어 먹이를 꽂아 주는 것, 높은 나무 위를 좋아하는 침팬지에게 20미터가 넘는 정글타워를 만들어 주는 것 등이 대표적인 동물행동풍부화다. 음식을 얼려서 곰에게 주는 것도 곰을 화나게 하려는 것이 아니라 얼음에 있는 음식을 꺼내 먹으면서 조금이라도 무료함을 달래라는 배려다.

무료함 때문에 발생할 수 있는 비정상적인 행동이 바로 '정형행동'이다. 혹시 계속해서 짧은 거리를 왕복하는 북극곰을 본 적이 있는가? 한 방향으로 계속 빙빙 도는 호랑이는? 이처럼 특정한 행동을 계속 반복하는 것을 '정형행동'이라고 부른다.

정형행동은 한번 생기면 교정하기가 무척 어렵다. 따라서, 동물행동풍부화, 전시환경 개선, 긍정강화 교육 등으로 정형행동이 생기기 전에 예방하는 것이 중요하다. 어찌 보면 아픈 동물을 치료하는 것보다 더 중요한 일이다. 동물행동풍부화는 사회성풍부화, 인지풍부화, 환경풍부화, 감각풍부화, 먹이풍부화 등 총 다섯 가지가 있고, 이 중 두 가지 이상의 풍부화가 동시에 이루어질 수도 있다. 그런데, 동물행동풍부화는 동물원이나 수족관 동물에게만 필요한 것이 아니다. '조용한 학대'를 당하고 있는 집고양이에게도 동물행동풍부화가 절실하다. 고양이에게는 특히 놀이풍부화와 환경풍부화를 적용할 수 있다.

냥냥이와 함께 즐기는 시간

장난감보다 고양이의 흥미를 챙겨라

고양이를 위한 놀이풍부화로는 고양이용 장난감으로 놀아주는 방법이 대표적이다. 요즘에는 낚싯대부터 깃털막대, 쥐 로봇, 물고기가 움직이다가 고양이가 터치하면 방향을 바꾸는 애플리케이션까지 다양한 고양이 장난감이 출시되어 있다. 하지만 불행히도 모든 고양이에게 좋은 장난감은 없다. 이 세상 모든 고양이가 좋아하는 장난감은 있을 수 없다는 뜻이다. 원칙적으로는 숨어 있다가 갑자기 달려가서 잡을 수 있는 장난감이 사냥하는 느낌을 주기 때문에 좋은 장난감이라고 할 수 있으나, 무엇보다 중요한 것은 우리 집 고양이가 그 장난감을 잘 가지고 노느냐이다. 우리 집 고양이가 가장 많이 가지고 노는 장난감이 있다면, 그게 우리 집 고양이에게 제일 좋은 장난감이다.

따라서, 여러 가지 장난감을 사보고 실패하는 경험을 통해 우리 집 고양이님이 좋아하는 장난감이 무엇인지 빨리 파악하는 노력이 집사에게 필요하다. 좋아하는 장난감 종류를 빨리 파악할수록 쓰레기통으로 가는 장난감 수를 줄일 수 있다.

꼭 비싼 장난감을 사줘야 하는 것도 아니다.

이마와 미간을 쓰다듬어주는 걸 좋아하는 고양이가 많은데, 그런 고양이에게는 칫솔이 훌륭한 장난감이 될 수 있다. 또한, 박스나 비닐봉지에 들어가는 걸 즐기는 고양이에게는 박스나 비닐봉지가 훌륭한 놀이터가 된다. 개인적으로 루리를 위해 장난감을 여러 개 주문해봤는데, 10개 중 9개는 실패했다. 재미난 점은 장난감에는 무관심했던 루리가 장난감이 담겨 온 택배 박스에는 언제나 큰 흥미를 보였다는 점이다. 박스에 얼굴을 문지르고, 그 안에 들어가고, 박스 모서리에 스크래치 하는 걸 보면 내가 장난감을 주문한 건지 박스를 주문한 건지 헷갈릴 지경이다. 그러고 보면 나의 장난감 구입도 무조건 실패는 아니었던 것 같다. 박스라도 건졌으니까.

좋아하는 것을 즐기게 하라

음식을 이용한 놀이방법도 있다. 사료, 간식을 그냥 주는 게 아니라 노력을 해서 먹도록 유도하는 제품이 많다. 일명 '먹이퍼즐'이다. 고양이가 냄새로 음식을 찾고, 발과 입을 이용해 간식을 꺼내먹도록 유도하는 먹이퍼즐 제품이 정말 많은데, 한 번 이용해보는 걸 추천한다. 굴리면 간식이 떨어지는 제품도 있고, 눌러야 간식이 나오는 제품, 퍼즐처럼 장난감을 이리저리 움직여야 하는 제품도 있다. 꼭 사야하는 것도 아니다. 페트병, 휴지 심, 과자박스, 병뚜껑 등으로 먹이퍼즐을 직접 만들어 줄 수도 있다.

제품을 구입하지 않더라도 집 안 곳곳에 간식을 숨겨두면 사냥감을 찾는 본능을 일깨워 고양이의 심심함을 덜어줄 수 있다. 과자상자 곳곳에 구멍을 뚫어 그 안에 간식을 넣어줄 수도 있고, 휴지 심으로도 고양이 장난감을 만들 수 있다. 휴지 심을 여러 개 붙인 다음 그중 몇 개의 휴지 심 안에 간식을 넣어두면 앞발을 넣어서 꺼내 먹으려고 노력하는 고양이를 만날 수 있다.

말린 종이나 머리끈, 동전 등의 간단한 소품으로도 놀아줄 수 있다. 루리는 특히 머리끈과 병뚜껑을 좋아하는데(혹시 삼킬까 늘 걱정이 앞서지만), 병뚜껑을 앞발로 툭 치고, 그것을 빠르게 쫓아가서 반대쪽으로 치면서 논다. 머리끈도 치면서 노는데, 가끔은 뒷발로만 서서 머리끈을 양 앞발로 갖고 놀기도 한다. 한때

누나가 머리끈을 모아두었던 곳을 살펴보니 대부분의 머리끈이 사라졌는데, 한참 후에 서랍장 밑에서 발견되었다. 범인은 당연히 루리였다.

높이만큼 챙겨야 할 건강한 환경

고양이의 환경풍부화에서 또 하나 중요한 게 있다. 바로 '높이'다. 고양이는 2D가 아니라 3D 동물이다. 그만큼 높은 곳을 좋아하기 때문에 캣타워는 물론, 장롱 위나 냉장고 위에도 곧잘 올라간다. 고양이가 높이 올라가 스크래치까지 할 수 있는 장소를 많이 만들어 줄수록 고양이의 환경도 풍부해진다.

높은 곳에 올라가서 아래를 내려다보는 걸 워낙 좋아하기 때문에 캣타워를 창문 옆에 두는 것도 좋다. 최근에는 직접 가구나 장난감을 만들어주는 DIY족들이 많아지고 있고, 제작 후기도 많이 공유되어 있다. 큰 재료 없이 어렵지 않게 만들 수 있는 가구도 많으므로 자신의 고양이를 위해 고양이 가구를 직접 만들어 주는 것도 좋을 것 같다.

한편 다양한 장난감, 놀이, 주인과의 교감도 중요하지만, 고양이가 방해받지 않고 편안하게 쉴 수 있는 조용한 공간을 제공하는 것도 고양이 환경풍부화에서 빠져서는 안 될 요소다. 고양이뿐만 아니라 모든 동물은 쉴 곳이 필요하다. 반려동물을 키울 때는 편하고 조용하게 쉴 수 있는 공간을 제공해 주도록 하자.

레이저 포인터는 좋은 장난감일까

레이저 포인터는 대부분의 고양이가 좋아한다. 루리도 레이저 포인터에 거의 미친 듯한 반응을 보이는데, 사람 키 정도 되는 높이에 있는 빨간 점을 잡으려고 벽으로 점프까지 한다.

그런데 레이저 포인터를 두고 논란이 많다. 레이저 포인터가 고양이에게 좋은지 나쁜지 의견이 갈리는 것이다. 레이저 포인터가 좋지 않다는 의견에도 근거가 있다. 빨간 점이 실제로 잡히지 않아서 고양이에게 오히려 상실감을 줄 수 있다는 것이다. 전문가들 사이에서도 의견이 종종 갈린다. 나도 개인적으로 이 부분이 너무 궁금했었는데, 2016년 결론을 내렸다. 세계적인 동물행동의학자 캐서린 홉 교수에게 직접 물었더니 "당연히 좋은 놀이방법"이라는 답변이 돌아왔다. 단, 조건이 있었다. 캐서린 홉 교수는 "레이저 포인터 놀이를 끝낼 때 반드시 간식으로 보상해 줘야 고양이가 상실감을 느끼지 않는다"고 강조했다.

결국, 고양이에게 레이저 포인터는 좋은 놀이방법이다. 제대로 된 보상을 통해 고양이가 상실감을 느끼지 않는다는 전제 아래 그렇다. 반대로 얘기하면, 제대로 보상해 줄 자신이 없는 집사는 레이저 포인터로 고양이와 놀아주지 않는 게 나을 수 있다. 한 가지 더 덧붙이자면, 너무 강한 세기의 레이저 포인터는 쓰지 않는 게 좋다. 강한 자극으로 고양이에게 부담을 줄 수 있고, 다른 장난감에 대한 흥미를 없앨 가능성이 있기 때문이다. 집사들이여, 레이저 포인터로 놀아줄 때는 '적절한 세기'와 '확실한 보상'을 꼭 기억하자.

최근에는 동물들을 위한 TV 방송과 음원도 속속 출시되고 있다. 이런 영상과 음악도 이용해 볼 수 있다. 다만 방송이나 음원을 실제로 사용할지 말지 판단하는 것은 집사의 몫이다. 이 외에도 고양이가 긴장을 풀고 스트레스를 덜 받도록 도와주는 페로몬 제품을 활용해 스트레스를 줄여주는 방법도 인기를 얻고 있다.

마지막으로 놓치지 말아야 할 것이 있다. 바로 '안전'이다. 아무리 고양이가 좋아하는 환경을 조성해주더라도 그것이 고양이에게 위험하면 안 된다. 고양이가 높은 곳에서 밖을 바라보는 것을 좋아한다고 해서 보호장치 없이 창문을 열어주었다가 고양이가 높은 곳에서 떨어지거나, 비닐봉지나 끈을 갖고 놀다가 씹어 삼켜서 장이 폐색되는 일은 없어야 한다.

반려동물은
평생 친구가 될 수 있다

매년 13만 마리 이상 버려지는 동물들

우연한 계기로 만난 길냥이 루리. 그것은 루리는 물론 내 삶을 바꿔놓았고, 그렇게 우리는 14년째 한 몸처럼 지내고 있다. 길냥이라는 상처를 이겨낸 루리는 이제 나를 보듬어주는 가장 소중한 존재가 되었다. 이처럼 반려동물은 동반자이자 없어서는 안 될 존재로 우리 곁에 머무른다. 하지만 안타깝게도 어딘가에서는 믿었던 사람에게 버림받는 동물이 있고, 그 수는 갈수록 늘고 있다.

유기동물 문제가 심각하다는 것은 누구나 알고 있다. 하지만 하루 평균 372마리의 반려동물이 매일 버려지고 있다는 사실을 들으면 크게 놀라곤 한다. 실제로 우리나라에서 연평균 발생하는 유기동물 수는 13만 마리 이상이다. 2014년 81,147마리로 최저점을 찍은 뒤 매년 증가하여 2019년에는 역대 최대인 13만 6천 마리가 버려졌다. 물론 이것은 일부러 버린 유기동물뿐만 아니라 잃어버린 유실동물도 포함된 수치다.

동물보호법 제8조 '동물학대 등의 금지' 4항에는 "소유자 등은 동물을 유기하여서는 아니 된다"고 명시되어 있고, 동물을 유기한 사람에게는 300만 원 이하의 벌금이 부과된다. 이처럼 동물보호법에 의해 동물을 버리는 행동이 불법임에도 불구하고 유기동물은 왜 계속 늘어날까?

담당 부처인 농림축산검역본부는 "지자체의 적극적인 구조 등으로 유기동물 수가 증가했다"고 설명한 적이 있지만, 유기동물이 늘어난 것을 전부 적극적인 구조 때문이라고 볼 수 있을지는 의문이다.

2017년 한 해 동안 버려진 유기동물 중 72.4%인 73,004마리가 개였는데, 흔히 말하는 믹스견이 가장 많았다. 1년간 버려진 믹스견은 총 37,320마리로 전체 유기견의 51.1%를 차지했다. 버려지는 개의 절반이 '잡종 믹스견'인 것이다. '말티즈, 푸들, 시추 3대장의 나라'인 우리나라에서 유기견의 절반 이상이 믹스견인 것은 시사하는 바가 크다.

"어리고 예쁜 품종견이 입소되면 입양 문의가 폭발적으로 증가하는데, 흔히 말하는 잡종견의 경우 입양 문의가 없어서 안락사되는 경우가 많아요."

지자체 직영 유기동물보호소에 근무했던 수의사의 말이다. 유기동물을 입양하는 사람들도 품종견을 찾는 경우가 많다는 뜻이다. 유기동물 중 절반은 보호소 내에서 자연사하거나 안락사된다. 그런데 제일 많이 버려지는 믹스견의 입양률은 품종견보다 현저히 낮다. 결국, 안락사되는 유기견 중 상당수는 믹스견인 것이다.

국내 유기 및 유실 동물 수

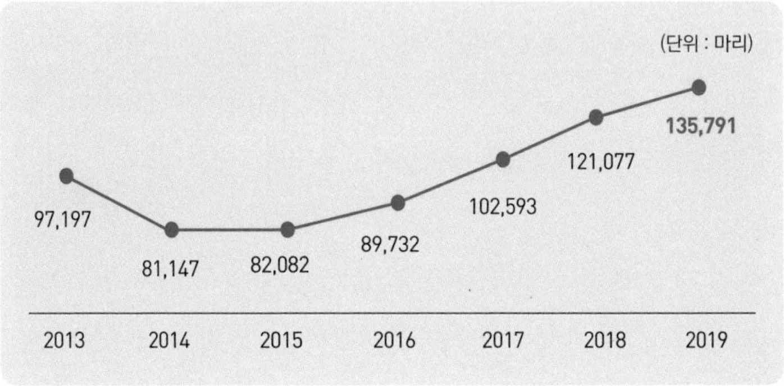

자료 : 농림축산검역본부

지자체 유기동물보호소에 입소되는 개체의 절반 이상이 믹스견인 것, 그리고 품종견 위주로 입양되는 현상을 보면서도 과연 '적극적인 구조 활동 때문에 유기동물 발생이 늘어났다'고 볼 수 있을까? 오히려, 개의 품종을 따지는 문화, 생명존중에 대한 낮은 의식, 그리고 유기동물에 대한 부정적인 시각이 사회 곳곳에 팽배하기 때문이라는 것이 내 생각이다. 이런 현실은 통계로도 확인된다.

병들고 나이 들어 버려지는 게 아니다

흔히 늙고 병든 반려동물이 치료비 부담 때문에 버려진다고 하지만 실제로는 그렇지 않다. 서울시가 2014년 서울 시내에서 발생한 유기동물 3,666마리를 조사한 결과 외관상 건강한 유기동물이 3,377마리로 92% 이상이었으며, 2년령 이하의 어린 개체가 45%인 1,645마리였다. 건강하고 어린 개체도 많이 버려진다는 것이 입증된 것이다.

2016년 10월에 열린 '유기동물 방지 및 보호 대책을 위한 국회 토론회'에서 한 동물단체 대표는 "생산자, 판매자, 소비자 모두 생산, 판매, 양육에서 그 어떤 규제도 받고 있지 않는 게 오늘날 유기동물이 발생하는 원인"이라고 말했다. 실제로 '개가 너무 짖어서', '어릴 때는 작았는데 생각보다 너무 커져서', '대소변을 가리지 못해서', '털이 날려서' 같은 이유로 반려견을 버리는 사람이 많다. 책임감 없이 충동적으로 반려견을 입양한 탓에 버릴 때도 쉽게 버리는 것이다.

동물등록을 하지 않는 이들에 대한 단속을 강화하고, 미등록한 사람을 계속 잡아 처벌하면 동물을 버리고 싶어도 어쩔 수 없이 평생 기르게 할 수 있을 것이다. 하지만 버리지 못해 개를 기르는 사람이 그 개를 사랑하고 아껴줄 리 만무하다. 이렇게 강압적인 방법을 사용하지 않더라도 유기동물 발생을 줄일 수는 없을까? 책임감 있는 반려견 입양문화는 우리나라에서 불가능한 것일까?

공장에서 물건을 찍어내는 것처럼 번식장에서 생산된 다음, 어미와 충분한 시간을 갖지 못한 채 '조금이라도 작고 귀여울 때' 경매장을 거쳐 펫숍으로 가는 강아지들. 그리고 반려견을 키우기 위한 충분한 고민과 준비 없이 귀엽다는 이유로 혹은 텔레비전에서 봤다는 이유로, 친구 집에서 이 품종을 키운다는 이유로 쉽게 강아지를 구입하는 보호자들. 이처럼 쉬운 반려동물 구입문화가 없어지지 않는 한 유기동물 수도 쉽게 줄어들기 어렵다.

아기를 동물과 함께 지내게 하라

반려동물을 매우 사랑하던 보호자가 갑자기 반려견의 입양처를 알아보는 경우를 본 적 있는가? 나는 여러 번 봤다. 상당수가 결혼이나 임신과 관련된 경우였다. 결혼과 동시에 반려동물을 다른 곳으로 보내는 사람들은 배우자나 배우자 부모님의 반대에 부딪힌 경우가 많았고, 임신 후 다른 곳으로 보내는 이들 중에는 본인 스스로 태어날 아기가 걱정되어 반려동물을 떠나보내는 일도 있었다. 혹시나 반려동물이 아이를 다치게 하지는 않을까, 혹시 반려동물의 털이 아이의 호흡기에 안 좋지 않을까 걱정하기 때문이다.

이런 걱정은 유독 우리나라에 많은 것 같다. 반려동물 선진국의 경우에는 오히려 반려동물과 아기를 함께 키우는 경우가 많다. 구글과 유튜브에서 갓난아기와 반려동물이 함께 자거나 노는 사진 · 영상을 쉽게 볼 수 있지 않은가?

그렇다면, 정말 반려동물과 아기를 같이 키워도 될까? 정답은 당연히 '그렇다'다. 심지어 아기에게 더 도움이 될 수 있다.

가장 많이 걱정하는 피부질환, 호흡기 질환부터 알아보자. 반려동물 때문에 아이에게 이런 질병이 늘어날 것 같지만 실제로는 반대다. 《미국 의사회지》에 실린 조지아대학교의 연구 결과에 따르면 아이가 동물과 함께 살수록 오히려 이런 질병에서 자유로워진다. 동물을 전혀 키우지 않는 가정의 아이가 알레르기에 걸릴 확률 15%보다 반려동물 1마리를 키우는 가정의 아이가 알레르기에 걸릴 확률이 12%로 낮았고, 반려동물을 2마리 이상 키우는 가정의 아이는 알레르기에 시달릴 확률이 8%까지 하락했다. 이를 증명한 연구팀은 "신생아가 태어나자마자 동물과 함께 지내게 하라"고까지 제안하며, 이렇게 말했다.

"신생아가 태어나자마자 집 안에 개나 고양이 2마리 이상을 적어도 1년간 아이와 함께 지내게 하라. 그럼 67년 후 알레르기 발생확률이 반으로 줄어든다. 아토피성 피부염, 알레르기성 비염이나 천식이 반으로 줄어든다. 동물 털뿐만 아니라 먼지, 진드기, 바퀴벌레, 곰팡이, 꽃가루, 잡풀가루 등 다른 알레르기 요인으로부터도 해방된다."

아기와 동물은 평생 친구가 될 수 있다

우리나라의 합계 출산율은 전 세계에서 가장 낮은 수준이다. 형제 없이 혼자 자라는 아이가 많다는 뜻이다. 혼자 지내는 시간이 많은 아이일수록 외로움, 사회성 결여 등 정서적인 문제가 더 많이 발생한다고 한다. 그런데 반려동물은 비판적이지 않고 주인에 대한 무조건적인 애정을 보인다. 내 주인이 못생겼다고, 친구가 없다고, 혹은 장애가 있다고 차별하지 않고 무한한 사랑을 베풀어준다. 따라서 아이는 반려동물과 함께 있을 때 쉽게 자신을 개방하고 감정이입도 편하게 한다. 부모에게도 말하지 못하는 비밀을 강아지 앞에서 털어놓는 것처럼 말이다.

반려동물과 함께 자라는 아이가 그렇지 않은 아이보다 의사소통 능력이 뛰어나고 사회성이 더 발달한다는 연구 결과도 어렵지 않게 찾을 수 있다. 게다가 반려동물의 죽음을 경험한 아이가 다른 아이들보다 생명의 소중함을 더 잘 깨닫고 삶과 죽음의 개념도 더 잘 이해한다는 조사도 있다. 이쯤 되면 아이를 반려동물과 함께 키우지 않는 것이 오히려 이상한 정도다.

물론 부모의 노력이 필요하다. 개나 고양이는 발달된 후각으로 사람이 임신한 사실을 파악할 수 있다고 알려져 있다. 따라서 임신 기간부터 반려동물에게 아기가 태어날 것을 지속적으로 알려주고, 아껴주고 돌봐줘야 하는 존재임을 깨닫게 하는 것, 그리고 첫 만남에 좋은 인상을 심어줄 수 있도록 노력하는 것은 반려인 겸 아이의 부모로서 반드시 해야 할 의무다. 그래야 아기와 동물이 평생 좋은 친구가 될 수 있다.

다시 한번 강조하지만 반려동물과 어린아이를 같이 키워도 된다는 점은 과학적으로 입증된 사실이다. 따라서 더 이상 결혼이나 임신 때문에 버려지는 동물이 없기를 바란다.

눈 가리고 아웅 식 대처는 이제 그만

평창올림픽 마스코트는 원래 진돗개?

1986년 서울아시안게임과 1988년 서울올림픽이라는 큰 행사를 앞두고 정부는 고민에 빠졌다. 해외 언론에서 '개고기 먹는 나라'라는 비판이 거셌고, '개를 식용하는 나라에서 열리는 국제행사에 반대한다'는 국제 여론이 번졌기 때문이다.

아시안게임과 올림픽을 성공적으로 개최하려는 고민 끝에 정부가 택한 방법은 개고깃집을 뒷골목으로 밀어내는 것이었다. 보신탕집의 간판을 사철탕, 영양탕, 보양탕 등으로 바꾸게 하고, 도로변과 도심지에 있던 보신탕집들을 변두리, 농촌 지역, 골목

안쪽으로 옮기는 눈 가리고 아웅 전략을 사용한 것이다. 당시 정부는 법을 만들어 개고기를 혐오식품으로 지정하기도 했는데, 해당 법안을 두고 찬반 논란이 엄청나게 일었다. 정부 정책에 의해 다른 지역으로 위치를 옮긴 보신탕집이 보신탕 간판을 사용하지 못하자 간판을 내린 채 개고기 영업을 계속했다. 결국 이 법은 이후 폐지되었고, 지금도 보신탕 간판을 곳곳에서 찾아볼 수 있다.

2002년 한일월드컵 때도 비슷한 일이 있었다. 국제 사회에서 우리나라의 개 식용 문화에 대한 비난이 이어졌고, 국제축구연맹이 '개고기를 먹지 못하게 해야 한다'는 내용의 서한을 우리나라에 보냈다. 2018년에 열린 평창 동계올림픽에서도 개 식용 논란은 이어졌다.

동계올림픽 개최 전, 미국의 한 청원 사이트에 개고기를 먹는 한국에서 열리는 올림픽을 보이콧하자는 글이 올라왔고, 이에 50만 명 가까이 동참했다. 비슷한 시기에 영국에서 진행된 한국 개고기 거래 금지 청원에도 10만 명 이상이 참여했다. "한국 정부가 올림픽 기간 동안 개고기 판매를 중단하면 돈을 지급한다"는 잘못된 뉴스가 미국 언론에 보도되기도 했다.

심지어 마스코트 거절 사건도 있었다. 당초 우리나라 정부가 평창올림픽 마스코트로 진돗개를 사용하려고 했으나 국제올림픽위원회가 개고기를 먹는 나라에서 마스코트로 개를 지정하면 논란이 커질 여지가 있다며 반대했고, 결국 진돗개가 아닌 백호(수호랑)와 반달가슴곰(반다비)이 마스코트로 선정되었다. 다행히 진돗개를 대신해서 마스코트에 선정된 수호랑과 반다비는 전 세계적으로 큰 사랑을 받았다.

"올림픽 기간 동안만 간판을 내려라"

올림픽을 앞두고 강원도도 개 식용 문제가 신경쓰였는지 대책을 내놓았다. 그런데 이 대책이 오히려 개고기 논란에 불을 지피고 말았다. 강원도는 '외국인 반정서 음식점 간판 및 시설 개선'이라는 사업을 진행하면서 평창군과 강릉시 일대 보신탕집의 간판과 시설을 정비하겠다고 나섰다. 개고기를 팔던 식당이 아예 메뉴를 변경하면 2,000만 원을 지원하고 개고기와 보신탕이 적힌 간판을 다른 이름으로 바꿀 경우 1,000만 원을 지원해주는 사업이었다. 그러나 메뉴를 변경한 식당은 단 1곳뿐이었다.

간판 교체 사업에는 12개 식당이 참여했는데, 보신탕 문구가 빠진 간판을 쓰거나 아니면 올림픽 기간 동안만이라도 보신탕 간판을 내리고 영업하게 하자는 것이 강원도의 당초 계획이었다. 개고기 판매를 금지하는 것이 아니라 올림픽 기간 동안만 이슈화되지 않게 막으려는 눈가림 대책이었다. 이런 계획이 알려지면서 동물단체들이 강력하게 반발했고, 사업은 중단됐다.

올림픽이 시작된 후에도 논란은 계속됐다. 네덜란드의 스피드 스케이팅 선수가 메달을 획득한 후 인터뷰에서 “제발 이 나라의 개들을 잘 대해주세요”라고 말해 논란이 일었고, 결국 네덜란드 선수단장이 공식적으로 사과했다. 또한 미국의 한 스키선수가 동물단체와 함께 개 농장에 있는 개들을 구조한 뒤 그중 1마리를 입양해 미국으로 데려간 일이 화제가 되기도 했다.

그렇게 개 식용 관련 논란을 남긴 채 평창올림픽은 막을 내렸다. 그리고 여전히 우리나라에서 개 식용은 불법이 아니다. 언젠가 또 다른 국제 행사를 유치할 텐데, 그때 정부는 과연 어떤 선택을 할까? 또다시 행사 기간만 버텨보자는 식으로 대응할까? 그보다는 처음부터 개 식용을 금지해서 개 식용 논란 자체가 발생하지 않도록 하는 것이 낫지 않을까.

식용에 앞서 인식부터 바꿔야

아시아에서 우리나라만 개고기를 먹는 것은 아니다. 우리나라를 포함해 중국, 베트남, 필리핀 등에서 개를 식용하는 것으로 알려져 있다. 그런데 2017년 4월 아시아에서 엄청난 일이 발생했다. 대만이 아시아 최초로 개와 고양이 식용 및 도살을 전면 금지한 것이다.

대만은 법을 개정하면서 개를 도살하는 사람뿐만 아니라 먹는 사람도 처벌할 수 있도록 했다. 개와 고양이를 도살하거나 먹다가 적발되면 1년에서 5년의 징역형 또는 5만 내지 25만 대만달러의 벌금형에 처하고, 신상 정보까지 전국에 공개하도록 했다. 또한 개와 고양이 고기를 사고팔거나 사체를 이용한 음식 소유, 차나 오토바이에 매달고 달리는 등의 가혹행위도 금지했다.

2017년 11월, 우리나라 국회에서 개 식용 금지 입법 국제 컨퍼런스가 열렸다. 해당 컨퍼런스에서는 대만 동물단체 이스트의 유민 대표가 발표자로 나섰다. 그는 "대만에서는 1990년대부터 수많은 법 제정, 캠페인, 교육이 진행되었으며, 동물보호와 동물복지에 대한 국민 의식이 높아지면서 최종적으로 동물의 권리에 대한 관심까지 나아가게 됐다"고 말했다. 대만의 개 식용 금지가 하루아침에 이루어진 것이 아니고, 국민의 의식 성장과 함께 가능했다는 점을 강조한 것이다.

실제로 대만의 법 개정 과정을 살펴보면, 우선 2001년에 식용이나 가죽 생산을 목적으로 반려동물을 도살하는 행위를 금지했다. 이어 2004년에 반려동물 도살 금지 및 식용 판매를 금지한 뒤 2008년에 누구든지 개와 고양이를 죽여서는 안 되며 그들의 사체를 고기나 가죽으로 판매할 수 없다는 내용을 법에 명시했다. 이후 여러 차례 동물보호법을 보완한 끝에 2017년 최종적으로 개와 고양이를 식용 목적으로 구입하거나 소비하는 행위까지 금지시킬 수 있었다.

유민 대표는 "개, 고양이뿐만 아니라 모든 동물에 대한 사회 전반적인 인식과 태도 변화를 이끌어내야 한다"고 강조했다. 또한 그는 "무조건 개, 고양이만 먹지 말자는 논리보다는 과도한 육식의 부작용을 알리면서 모든 고기의 섭취를 줄이되 개와 고양이부터 시작하자고 설득해야 효과적"이라고 조언했다.

잘못된 문화는 고치는 것이 최선

세계에서 유일한 개 식용 산업 국가

우리나라에서도 수많은 동물단체가 '개 식용 금지'를 외친다. 복날이 되면 동물단체들의 절절한 요청을 들을 수 있으며, 심지어 여름뿐 아니라 매주 모여 개고양이 식용금지를 요구하는 모임도 있다.

이들은 왜 개 식용 금지를 요구할까? 개 외에도 먹을 음식이 충분한 상황에서 굳이 사람과 가장 친한 동물인 개를 잡아먹을 필요가 없다고 생각해서 그럴 수도 있다. 하지만 그보다 우리나라에만 있는 특징적인 개 식용 문화가 심각하기 때문이다.

현재 우리나라에서 개는 축산법상 가축으로 분류되어 있다. 개도 가축이기 때문에 소, 돼지, 닭과 똑같이 키우고 잡아먹어도 된다고 생각하기 쉽다. 하지만 축산물 위생을 관장하는 축산물 위생관리법에서는 개가 가축에서 제외되어 있다. 즉 개는 가축이지만, 개고기는 합법적인 축산물이 아닌 것이다. 개는 가축처럼 잡아먹으려 키울 수 있는데 개고기는 합법이 아니라니 웃긴 상황이다. 이처럼 합법도 불법도 아닌 애매한 상황이 지속되면서 식용을 목적으로 개를 기르는 농장들은 점점 더 대형화되었다. 잔인한 개 도축 과정은 말할 것도 없다.

'동물해방물결'과 '동물을 위한 마지막 희망(LCA)' 등 동물권 단체가 한국리서치에 의뢰해 진행한 한국 개고기 인식과 취식 행태에 대한 여론 조사 결과에 따르면 국민 10명 중 8명 이상이 지난 1년간 개고기를 전혀 먹지 않았다고 한다. 응답자의 40.5%는 평생 개고기를 한 번도 먹어본 적이 없다고 응답했다. 개고기에 대한 수요 자체가 줄어들고 있는 것이다.

그래서 흔히 '얼마 안 있으면 개 농장들 다 망하고 개고기도 없어지겠네'라고 생각할 수 있다. 맞는 말이긴 하지만 몇 년이 걸릴지 몇 십 년이 걸릴지 아무도 알 수 없다. 더구나 그때까지 대형 개 농장은 망하는 개 농장의 개들을 흡수해 규모를 더 키워갈지도 모른다.

소규모 개 농장의 경우 농장주들이 스스로 폐업하거나 다른 축종으로 전업하는 경우가 많은데, 문 닫는 소규모 개 농장을 흡수해 양육두수가 점차 늘어나는 대규모 개 농장들이 많아졌다. 동물복지국회포럼 공동대표인 정의당 이정미 의원이 2017년 6월 공동 조사한 자료에 따르면 국내에 식용 개 농장이 최소 2,862개 있으며 78만 1,740마리의 개가 식용 목적으로 양육되고 있는 것으로 나타났다. 500마리 이상 개를 키우는 기업형 개 농장도 422개에 달했으며, 1,000마리 이상의 개를 키우는 곳도 77곳이나 되었다.

이것이 우리나라에서만 나타나는 특이점이자 문제점이다. 중국도 개 식용이 많이 이루어지고, 심지어 개고기축제까지 열리지만 우리나라처럼 오로지 식용 목적으로만 개를 기르는 전문적인 대형 개 농장은 없다. 더 쉽게 말하면, 우리나라는 전 세계에서 유일한 '개 식용 산업 국가'다.

"돼지고기는 되는데 왜 개고기는 안 돼?"

이정미 의원실 자료에 따르면, 하루 평균 88마리의 유기동물이 안락사되는 반면 식용 목적으로 개 농장에서 죽어 가는 개는 하루에 최소 2,740마리에 이른다. 그토록 심각하다고 알려진 유기동물 안락사 문제보다 무려 30배나 더 많은 개들이 식용 때문에 죽어가고 있는 것이다.

개식용 금지를 주장하면 꼭 따라붙는 질문이 있다.

"소고기, 돼지고기, 닭고기는 되고, 개고기는 왜 안돼요?"

이런 질문에 잘 대답하는 게 매우 중요하다. "개는 사람과 제일 친한 동물이니까", "소, 돼지, 닭은 가축이고, 개는 반려동물이니까" 같은 대답은 오히려 설득력이 없고 반발을 일으킨다는 게 개인적인 생각이다. 돼지를 키우는 사람에게는 돼지도 반려동물일 수 있기 때문이다. 나는 오히려 식품 위생 측면에서 얘기를 해보고 싶다. 개고기가 정말 몸에 좋은지 한번 생각해보자는 것이다.

개고기는 다른 음식과 달리 몸의 기운을 북돋아준다고 해서 보신탕이라고 불린다. 그런데 정말 개고기는 몸에 좋을까?

2017년 동물자유연대와 건국대학교 수의과대학 3R동물복지연구소가 식용으로 양육되는 개들의 항생제 잔류 실태를 조사했다. 그 결과 전체 개고기 샘플 93점 중 61개인 65.4%에서 항생제 잔류가 확인되었다. 타일로신, 아목시실린, 설파메톡사졸을 비롯해 8종의 항생제가 검출되었다. 세균 감염 문제도 심각해, 대장균, 연쇄상구균 등 인체 건강을 위협할 수 있는 균들이 검출되었다. 일반적인 축산물의 항생제 검출률 0.47%와 비교하면 96배나 높은 수치였다. 물론 샘플이 많지 않기 때문에 추가 조사가 필요하지만, 개고기가 항생제 범벅이라는 사실은 확인할 수 있었다. 우리나라 곳곳에 있는 개시장에서 샘플을 채취했기 때문에 개고기 항생제 문제는 특정 지역만의 문제도 아니다.

왜 이런 결과가 나온 것일까? 이유는 간단하다. 그 누구도 개고기가 안전한지 검사하지 않았기 때문이다. 개는 축산물위생관리법상 가축이 아니기 때문에 축산물위생관리법에 의해 관리되지 않는다.

정말 개고기는 믿고 먹을 수 있을까

소고기와 비교해보자. 모든 소는 사람의 주민등록번호 같은 고유번호를 갖고 있어서 주기적으로 수의사 공무원에게 질병 검사를 받는다. 그리고 아무 질병이 없는 소만 도축할 수 있다. 도축장에서도 수의사 공무원이 추가 검사를 한다. 질병이나 병변이 있는 부위는 전부 폐기되어 소비자에게 유통되지 않는다. 이게 끝이 아니다. 도축 후에도 샘플을 실험실로 가져와 검사하며, 마트, 정육점을 대상으로 주기적인 점검도 실시한다. 그렇기 때문에 우리는 정부를 믿고 소고기를 안심하고 먹을 수 있는 것이다. 최근에는 동물복지축산농장 인증제가 시행되어 동물복지형 농장에서 가축이 양육되고, 동물복지 인증 차량에 실려 동물복지형 도축장에서 도축되는 축산물의 비율도 높아지고 있다.

그런데 개고기는 어떤가? 누가 어디서 어떻게 키우는지 아무도 모른다. 무엇을 먹이고 어떤 약을 사용하는지 확인하는 사람도 없다. 개를 위한 도축장도 없고, 도축 방법도 연구되어 있지 않기 때문에 개 도축은 주먹구구식으로 이루어진다. 개를 도축하는 사람마다 도축 방법이 다르다. 때려죽이는 경우도 있고, 전기봉을 사용해 감전사시키는 경우도 있다. 심지어 공간과 시간을 아끼려고 트럭 위에서 도살하는 사람도 있다. 질병검사나 도축검사도 없고 정기점검도 없다. 동물복지는 당연히 고려되지 않고, 인도적인 양육 및 도축 기준도 없다. 그러다 보니 65.4%의 개고기 샘플에서 항생제가 검출되고, 심각한 세균 감염이 발견되는 것이다.

다시 한번 질문한다. 이래도 개고기가 몸에 좋다고 생각하는가? 여전히 몸보신한다고 개고깃집을 찾을 것인가?

이렇게 설명하면 "그럼 개고기도 소, 돼지, 닭처럼 합법화시켜 안전하게 도축해서 먹자"고 할 것이다. 하지만 개고기 합법화는 불가능하다. 지금도 전 세계적인 비난을 받고 있으며, 심지어 중국조차 개 식용을 금지시키는 법안이 발의된 적이 있는데 우리나라만 개 식용을 합법화한다면 어떤 일이 벌어질까? 국제적인 비난과 동시에 국격 역시 큰 손상을 입을 것이다. 국민들의 동물보호복지에 대한 관심과 의식 수준도 점차 높아져서 국내에서도 큰 반발이 일 것이다.

국제적인 비난과 국격 손상, 그리고 국민의 반발을 감수하며 개 식용을 합법화한다 해도 또 다른 문제가 남아있다. 소, 돼지, 닭의 경우 오랜 기간 합법화된 상태로 소비되었기 때문에 양육, 운송, 도축, 유통에 관한 다양한 연구가 되어있다. 어떤 환경에서 양육해야 하고, 어떻게 운송해야 하며, 어떤 방법으로 도축해야 고통이 없는지 등이 잘 알려져 있다는 뜻이다.

반면, 개에 대해서는 전 세계적으로 이런 연구가 되어있지 않다. 우리나라가 세계 최초로 개고기를 합법화한다면, 식용 목적인 개의 기준부터 양육기준, 운송방법, 도살방법을 새로 다 연구해야 한다. 그리고 그 결과에 따라 시설, 운송차량, 도축장을 개발하고 설치해야 한다. 이런 과정에는 최소 수년이 걸리며, 예산도 수십억 원이 투입되어야 한다. 최소 수십억 원이다. 개고기를 먹는 단 20%의 국민 때문에, 모든 국민이 내는 혈세 수십억 원을 투입하는 게 과연 합당한 일인가? 나는 그렇게 생각하지 않는다.

개 식용 합법화는 불가능한 옵션이자 절대 합법화될 수 없다. 그리고 합법화되지 않는 개고기는 위생적으로 안전하지 않다. 결론은 이미 나와 있다. 개고기는 먹지 않는 것이 옳다.

고아 수출국에서 개 수출국으로

개 식용 문제와 관련해 또 하나의 문제가 있다. 바로 대형 개 농장에서 구출된 개들이 해외로 입양가면서 국가 이미지에 큰 손상을 입힌다는 점이다.

국제 동물보호 단체인 휴메인 소사이어티 인터내셔널은 2018년까지 우리나라에서 총 12개의 개 농장을 폐쇄시켰고, 개 농장에서 구조된 총 1,300여 마리의 개를 미국으로 입양 보냈다. 우리나라는 6.25전쟁 이후 지금까지 16만 명이 넘는 아이를 해외로 입양 보내 고아 수출국이라는 오명이 따라다닌다. 지금도 매년 수백 명의 아이가 해외로 입양되고 있는데, 이제는 고아 수출국을 넘어 개 수출국이 될 판이다.

개 농장에서 구출된 개들만 해외로 입양을 떠나는 것이 아니라 국내에서 잘 입양되지 않는 유기견, 대형 잡종견도 해외로 가고, 실험동물로 사용되었던 개들도 해외 입양 대상이 된다. 한 동물보호 단체에서만 해외로 보내는 국내 유기견이 매주 10마리가 넘으며, 미국의 비글 프리덤 프로젝트의 도움을 받아 실험에 사용된 비글들이 미국 보호자들에게 인도된 사례도 있다.

해외로 입양하는 개가 많다 보니 해외 이동봉사까지 등장했다. 동물을 해외로 보낼 때, 동물만 보내는 것은 복잡하고 비용도 비싸다. 반면, 해외로 나가는 사람이 입양 가는 동물을 함께 데리고 가면 비용도 줄일 수 있고 운송 과정도 훨씬 편해진다. 그래서 여행, 출장 등으로 해외에 가는 사람들이 봉사의 일환으로 동물의 해외운송을 돕는다. 입양단체에서 검역증명서 발급 등 관련 절차를 진행하기 때문에 실제 동물 해외 이동봉사에 참여하는 이들은 공항에 1, 2시간 정도 먼저 가는 정도로 봉사에 참여할 수 있다. 의미 있는 봉사지만, 동물 해외 이동봉사라는 단어까지 등장하는 현실에 가슴이 답답해진다.

고아 수출국도 모자라 개 수출국이라는 오명을 쓰지 않으려면 모두의 관심과 노력이 절실하다. 정부가 나서서 좋은 입양 선례를 만들고 이를 홍보해, 개 농장 구조견, 유기견, 실험견에 대한 인식을 바꿀 수만 있다면 국내 입양도 활발해지지 않을까. 아직까지 입양 사례가 적은 우리나라지만 그래도 희망의 끈을 놓고 싶지 않다.

갈수록 과열되는 반려동물 행사

행사는 늘었지만 내실은 떨어져

불과 5년 전만 해도 1년에 개최되는 반려동물 박람회가 단 4개였다. 그런데 2018년에는 몇 개의 반려동물 박람회가 열렸을까? 무려 50개가 넘는다. 거의 매주 주말 반려동물 산업 박람회가 전국 각지에서 개최된다고 해도 과언이 아니다.

서울에서만 행사를 개최했던 전시업체들이 부산, 인천 등 타 지역에서도 박람회를 열고, 1년에 한 번만 개최하던 박람회도 개최 횟수를 연 2회로 늘렸다. 전통적인 전시 전문 업체는 물론 대기업, 카드회사, 금융회사, 방송국, 각종 협회들까지 반려동물 박람회를 개최하고 있다. 그런데 펫 박람회가 늘어나면서 부작용도 속출하고 있다.

우선 행사 자체가 늘어나면서 행사끼리 개최 날짜가 겹치는 일이 속출하고 있다. 날짜가 겹치다 보니 행사 주최 측 사이에 갈등이 생기고, 박람회 참가 업체의 부담이 증가한다. 같은 날짜에 개최되는 행사 주최 측들이 행사 날짜를 옮겨줄 수 없는지 문의하거나, 누가 먼저 날짜를 선점했는지를 두고 논쟁을 벌이는 일도 생긴다. 주요 사료 업체의 참여가 행사 성공과 직결되기 때문에 업체 모시기 전쟁도 벌어진다. 한 사료 업체 관계자는 "많은 행사가 부담되지만, 관계 때문에 쉽게 거절하기도 어렵다"고 말한다.

박람회에 참여하려면 부스 설치비, 직원 인건비, 증정하는 샘플 등 많은 비용이 들기 때문에 일부 인기 업체는 당연히 부담으로 다가올 수밖에 없다. 한 업체는 같은 날 열리는 세 개 행사에 모두 부스를 차려 참가한 적도 있다. 한 부스당 최소 2, 3명의 직원이 필요하므로 일요일에 10명이 넘는 직원이 전국 각지로 떠났다. 주말에 일한 직원에게 평일에 대체휴무를 주어야 하므로 박람회가 늘어날수록 업무에 차질을 빚는 경우도 많아진다.

내실을 다지기도 전에 행사부터 개최하기 바쁘다. 그러다 보니 엉성한 행사를 열거나, 개최 직전에 행사를 취소하는 경우도 다반사다. 이런 식의 행사 난립은 결국 반려동물 시장 전체에 악영향을 끼칠 수 있다.

'제2의 베이비페어'로 전락할 우려도

도떼기시장이라는 지적도 있다. 펫 박람회가 문화 캠페인, 펫티켓 교육, 강소기업 발굴, 해외 바이어 연결 등을 통해 반려동물 산업이 올바르게 발전하는 데에 기여하기보다 싼 가격에 제품을 대량 판매하는 시장처럼 변모하다 보니 나온 말이다.

오프라인 매장과 온라인 숍의 매출 감소도 큰 문제다. 소비자들이 펫 박람회를 제품을 싸게 살 수 있는 기회로 여기면서, 필요한 제품의 구매를 미루다가 박람회가 열리면 한 번에 대량으로 구입하고 샘플을 받아서 챙기는 기현상이 벌어진다. 펫 박람회가 2, 3개월에 한 번 열릴 때는 박람회에서 제품 홍보가 이루어지고, 홍보 효과가 오프라인 매장의 매출 증대로 자연스럽게 이어지는 선순환이 가능했다. 그런데 매주 펫 박람회가 열리는 요즘에는 소비자가 평상시에 굳이 오프라인 매장이나 인터넷에서 제품을 살 필요가 없으므로 매출에 타격이 생긴다. 박람회만 다녀도 필요한 모든 것을 부족함 없이 살 수 있는 것이다.

펫 박람회가 제품을 싸게 박리다매하는 도떼기시장이 될수록 제품의 마진율도 떨어질 수밖에 없다. 그래서 대형 펫 박람회가 열린 지역에서는 "몇 달간 주변 상권이 초토화된다"는 볼멘소리도 흘러나온다. 이 때문에 일부 관계자들은 "펫 전시회가 베이비페어의 전철을 밟고 있다"고 지적한다. 베이베페어가 하도 많이 열리기 때문에 젊은 부모들이 베이비페어에만 참석해 쇼핑하는 현상이 반려동물 산업에도 벌어질 수 있다는 우려 섞인 지적이다. 아예 별도의 매장 없이 박람회만 참여해 제품을 판매하는 업체까지 생겨났을 정도다.

회사 정책상 모든 제품을 오프라인으로만 유통하는 업체들의 고민은 더 크다. 박람회에서는 제품을 홍보만 하고 실제 제품은 오프라인 매장에 가서 구입하도록 유도하는데, "제품을 팔지 않을 거면 박람회에 왜 나왔냐?"고 불만을 제기하는 소비자들이 많아진 것이다. 또한 줄어드는 오프라인 매출과 함께 박람회의 인기를 비교하며, 박람회 현장 판매와 온라인 유통이라는 유혹에 빠져 회사의 유통전략 자체가 흔들리기도 한다.

앞으로도 반려동물 산업이 성장세를 유지할 것은 분명하다. 이런 때일수록 반려동물 산업이 올바르게 성장하기 위한 기준이 중요하다. 늘어나는 펫 박람회들이 자칫 시장의 올바른 성장을 저해하지 않도록 업계 관계자들과 협회 간의 소통과 협력이 필요하다. 비슷한 성격의 행사는 모여서 함께 개최하고, 행사 장소와 날짜를 선정할 때 서로 사전에 논의해야 한다. 또한 각 행사 주최자 별로 차별화할 수 있는 부문을 강조해, 특색 있고 색다른 박람회, 유익하고 의미 있는 박람회가 늘어나길 기대한다.

실험실 밖으로 나와야 할 생명들

5년 만에 2배 늘어난 실험동물

우리가 먹는 약과 바르는 화장품들 중 상당수가 동물실험을 거쳐 출시된다. 많은 동물들이 인간의 편의를 위해 실험에 희생되는 것이 편리함 이면에 있는 현실이다. 믿기 어렵겠지만 우리나라에서만 하루 평균 1만 마리의 동물이 매일 실험에 이용되고, 실험이 끝난 뒤 대부분 안락사당하고 있다.

우리나라에서 연간 사용되는 실험동물 수는 매년 가파르게 증가하고 있다. 바이오 의약 분야의 성장과 함께 동물실험 또한 상승세를 보인다. 2013년 196.7만 마리였던 연간 실험동물 사용 수는 2014년 241.2만 마리, 2015년 250.7만 마리, 2016년 287.8만 마리, 2017년 308.2만 마리를 거쳐 2018년에는 372만 7천 마리까지 증가했다. 2013년과 비교하면 5년 만에 2배 가까이 많아졌다.

합법적으로 동물실험을 하려면 동물실험윤리위원회(IACUC)를 설치하고, 동물실험의 윤리성을 미리 심사받아야 한다. 2018년 기준 우리나라에 동물실험윤리위원회를 설치한 동물실험 기관은 총 385개다. 이 중 2018년에 실험을 실시한 기관은 362곳이었으며, 이들 기관이 총 372만 7,163마리의 실험동물을 사용해 기관당 평균 10,296마리를 사용한 것으로 조사되었다. 2017년 기관당 평균 실험동물 사용 수 8,781마리와 비교하면 20% 이상 늘어난 수치다.

가장 많이 실험에 이용되는 동물은 쥐다. 마우스, 랫드 등 설치류가 84.1%인 313만 3,927마리 사용됐으며, 그 뒤를 어류(7.2%), 조류(6.0%)가 이었다. 기타 포유류는 1.7%인 6만 2,304마리 사용되었는데, 그중 개가 13,470마리를 차지했다.

가장 고통 큰 E등급 실험이 제일 많아

동물실험은 동물이 느끼는 고통의 정도에 따라 A등급부터 E등급까지 5단계로 나뉜다. A그룹에서 E그룹으로 갈수록 고통의 정도가 강해지며 E그룹은 '극심한 고통이나 억압 또는 회피할 수 없는 스트레스를 동반하는 동물실험'을 의미한다. 그런데 이러한 E그룹 동물실험이 가장 많이 시행됐다. 2018년 1년간 E그룹 실험을 받은 동물이 135만 6,755마리로 전체의 36.4%를 차지했으며, 2위는 D그룹으로 132만 1980마리(35.5%)였다.

C그룹은 95만 8200마리 , B그룹은 9만 228마리, A그룹은 0마리로, 고통등급이 큰 실험이 더 많이 진행됐음을 알 수 있다.

동물을 실험 대상으로 삼는 이유는 분명하다. 사람에게 바로 사용할 경우 생길 수 있는 문제를 사전에 예방하려고 동물에게 먼저 적용해보는 것이다. 그러나 동물실험이 사람에게 생길 수 있는 문제를 완벽하게 예방해주지는 못한다. 동물에게 부작용이 없었던 약품이나 화장품이 사람에게 큰 부작용을 일으키는 경우도 발생하기 때문이다. 동물실험 과정에서 아무런 문제가 없어 안전성과 안정성이 입증됐다던 입덧 치료제 탈리도마이드 때문에 5년간 46개국에서 1만 명 이상의 기형아가 출생하고 그중 5,000명 이상이 사망한 사건이 대표적이다.

동물실험이 실제로 효과가 있다고 해도 사람을 위해 동물을 지속적으로 희생시키는 것이 과연 옳은 일인지에 대한 고민이 필요하다. 그래서 필요한 것이 동물실험대체법의 지속적인 개발이다. 살아 있는 동물을 사용하지 않더라도 제품의 안전성과 유효성을 확인할 수 있는 방안을 지속적으로 찾아야 한다. '3R원칙'이라는 것이 있다. 실험동물의 복지를 위해 추구해야 하는 원칙인데, 실험동물의 고통을 최대한 줄이고(refinement), 사용되는 실험동물의 수를 최소화하며(reduction), 궁극적으로는 동물사용을 대체할 새로운 시험법을 도입해야 한다(replacement)는 내용이다. 동물실험대체법 개발은 이 중 replacement에 해당한다.

몇 년 전 화장품에서 동물실험을 원칙적으로 금지하는 화장품법 개정안이 국회를 통과하는 등 우리나라에서도 동물실험대체법에 대한 관심이 점차 높아지고 있다. 또한 2007년에는 한국동물실험대체법학회가 창립되어 동물실험대체법 연구와 개발, 학술정보 교류 등의 활동을 펼치고 있다. 기존에 토끼 눈을 이용해 시행하던 '눈 자극 시험법'을 대체할 수 있는 동물실험대체법이 우리나라에서 개발됐고, 이 방법이 얼마 전 OECD 시험가이드라인으로 승인받은 일도 있었다. 그러니 이제 동물실험이 무조건 필요하다는 생각을 버리고, 불필요한 희생을 줄일 수 있는 동물실험대체법에 더 관심을 가져보자.

15만 마리 중 21마리만 밖으로 나와

"동물실험이 끝나면 건강한 개체라도 대부분 안락사를 시키는 것이 현실이다."

한 수의과대학 실험동물의학 교수의 말이다.

"동물실험을 한 자는 실험이 끝난 후 동물이 회복될 수 없거나 지속적으로 고통을 받으며 살아야 할 것으로 인정되는 경우에 가능한 빨리 고통을 주지 않는 방법으로 그 동물을 처리하여야 한다."

동물보호법에 규정된 동물실험의 원칙 중 하나다. 실험 후 동물이 회복불능이거나 고통을 계속 느낀다면 안락사를 시켜야 한다는 것이다. 이 원칙을 읽고 나면 한 가지 궁금증이 생긴다.

"회복될 수 있거나 고통을 받지 않으면서 살아갈 수 있는 실험동물은 어떻게 하나요?"

안타깝게도 이런 실험동물들조차 대부분 안락사된다. 실험 후 동물이 건강한지를 평가할 수 있는 기준이 제대로 마련되어 있지 않고, 건강한 개체로 판단되어도 구제할 방법이나 근거가 없었기 때문이다.

그런데 이 근거가 얼마 전 마련되었다. 실험에 사용된 후 정상적으로 회복된 동물을 일반인에게 기증하거나 분양할 수 있도록 동물보호법이 개정된 것이다. 예를 들어 동물실험에 이용된 비글견 중 건강한 개체는 안락사하지 말고 새로운 주인을 만날 수 있도록 입양 보내자는 것이다. 실험동물의 가정 분양이 실제로 활발해진다면 현실적으로 실험동물 종 중에선 개의 입양이 가장 많지 않을까 예상한다. 참고로, 실험견 중에서 동물실험에 가장 많이 사용되는 견종은 비글인데, 무려 전체 실험견의 94%를 차지했다. 개 중에서 유독 비글이 많이 사용되는 이유는 사람을 잘 따르고 반항하지 않기 때문이다. 실험에 사용하기 쉽다는 뜻이다. 실제 비글을 대상으로 실험이나 실습을 해본 사람이라면 비글이 얼마나 순종적인지 안다. 채혈하려고 하면 먼저 앞발을 가만히 내어주기도 한다.

"동물실험 은퇴견, 입양하시겠어요?"

비글구조네트워크에 따르면 2017년까지 우리나라에서 실험에 사용된 비글은 총 15만 마리로, 그중 살아서 실험실 밖을 나간 비글은 21마리뿐이다. 동물실험에 이용되는 것도 모자라 반려견으로 행복하게 살아갈 권리마저 박탈당하는 것이다. 동물보호법 개정을 통해 정상적으로 회복한 실험동물의 기증과 분양이 가능해진 만큼, 앞으로 새로운 주인을 만나 실험의 고통을 잊고 행복하게 살아가는 동물이 늘어나길 바란다.

주의할 점도 있다. 동물실험 후 건강한 개체를 판단할 기준이 여전히 모호하고, 분양 후 추적관리가 어렵다. 특히 좋지 않은 의도로 실험동물을 입양하는 사람이 있을 수 있다. 예를 들어 실험동물을 잘 키우겠다고 입양해놓고, 또 다른 실험이나 범죄 혹은 강아지공장의 번식견으로 활용하는 일이 생길 수 있다. 그래서 이런 일을 방지할 수 있는 보호장치가 반드시 필요하다.

"실험에 사용되었던 동물을 사람들이 잘 입양할까?"라는 의문이 드는 것도 사실이다. 약 절반의 유기동물이 새로운 입양자를 찾지 못하고 보호소 내에서 생을 마감하는 게 우리나라의 현실인데, 과연 실험동물의 입양이 잘 이루어질 수 있을까?

유기동물에 대한 선입견이 줄어들수록 유기동물 입양률이 늘어나듯 실험동물에 대한 편견과 선입견을 줄이는 것이 선행되어야 한다. 그래야 실험에 쓰였던 동물을 입양하는 문화도 바로 설 것이다. 그래서 이 책을 읽는 여러분에게 묻고 싶다.

"동물실험 은퇴견을 입양할 수 있으세요?"

반려동물은 가슴으로 낳은 가족입니다.

반려동물에 대한 생각
다섯

함께  건강하고 행복한 날을 위하여

동물이 건강해야 사람도 건강하다

모두가 나서야 할 반려동물 문화

"동물은 물건이다."

이런 말 들어보았는가? 우리나라는 인간 아니면 비인간이라는 이분법적인 민법체계 때문에 여전히 반려동물이 물건처럼 취급되고 있다. 인간과 비인간으로 구분되는 체계에서는 인간이 아닌 '비인간' 동물은 당연히 물건으로 여겨진다. 생명체라는 특성이 고려되지 않은 채 말이다.

그래서 살아 있는 개의 팔을 자르는 행위와 강아지 인형의 팔을 자르는 행위가 똑같이 재물손괴로 여겨진다.

그나마 최근 법원에서는 반려동물의 특수성을 고려해, 통상손해인 반려동물의 가격 외에 보호자의 정신적인 고통에 대한 특별손해까지 배상하라는 판결을 내리고 있다. 반려동물과 보호자의 정서적 교감을 인정하는 것이다. 참 다행스러운 일이다.

이미 동물복지 선진국인 독일, 스위스, 오스트리아에서는 민법으로 '동물은 물건이 아니다'라고 선언하고, 사람, 물건, 그리고 동물로 분류하는 삼분법적 체계를 확립했다. 사람과 물건이라는 이분법적 체계에서 동물을 추가해 삼분법적 체계를 만든 것이다. 더 나아가 동물의 교환가치 이상의 치료비 청구를 인정하는 규정까지 두고 있다. 우리나라도 동물을 물건으로 취급하지 않는 민법 개정안이 발의되고 나서, 헌법에 동물보호 및 동물권을 명시하기 위한 노력도 지속되는 등 변화의 움직임이 나타나고 있다.

2018년 3월 발표된 대통령 개헌안에 동물보호 정책 수립을 국가의 의무로 명시하는 내용이 담겼고, 동물단체들의 큰 환영을 받았다. 대통령 개헌안 발표에서 민정수석이 "동물보호에 대하여 국가가 그 정책을 수립하는 조항을 신설했다."고 말했고, 실제 공개된 대통령 개헌안 전문에서 이 같은 내용이 다시 한번 확인되었다.

당시 청와대가 공개한 대통령 개헌안에는 "동물보호는 국제규범이나 인류가 공유해야 할 보편가치로 정착되고 있으므로,

이러한 시대 변화를 반영하여 국가는 동물보호를 위한 정책을 수립하여 시행하도록 한다"는 내용이 명시됐다.

물론 공을 넘겨받은 국회에서 대통령 개헌안 의결 시한을 넘기면서 국민표결까지 이어지지는 못했지만, 앞으로 개헌은 언젠가 해야 하므로 국회든 대통령이든 다시 개헌안을 발의할 때 동물보호복지 관련 내용이 빠지지 않고 포함되기를 바란다. 동물을 보호하는 일은 국가의 당연한 책임이자 의무이며, 이에 대한 반대 의견도 거의 없다. 정치인들이 이 조항을 놓고 기싸움을 하거나 정쟁을 벌일 필요가 없다는 뜻이다.

모든 동물은 사람보다 약자다

"사람도 먹고 살기 힘든데 동물복지가 웬 말이야."

"동물에 쓸 돈 있으면 아프리카에 굶어죽는 애들부터 도와."

동물권을 언급할 때마다 사람도 먹고 살기 힘든데 무슨 동물의 권리까지 신경쓰느냐는 말을 듣는다. 물론 사람과 동물 둘 중에 하나만 선택해야 한다면 당연히 사람을 선택해야 한다. 하지만 동물권을 추구한다고 사람에 대한 복지나 인권을 포기하자는 것이 아니다. 다른 사회적인 약자를 챙기는 것처럼 동물의 권리도 생각하자는 것이다. 모든 동물은 사람보다 약자이기 때문이다.

최근 인권에 대한 관심이 부쩍 높아졌다. 사회적 약자에 대한 관심이 그만큼 커진 것이다. 우리 사회가 여성, 장애인, 노동자, 기초생활수급자, 차상위 계층, 소년소녀가장 같은 사회적 약자를 챙기는 것은 사회적 약자를 보듬고 함께하는 세상으로 나아가기 위해서다.

여기에 또 하나 강조하고 싶은 것이 있다. 바로 '동물권'이다. 사람이 아닌 동물에게도 고통당하지 않고, 다치거나 아플 때 치료를 받고, 학대당하지 않고, 보호받아야 할 권리가 있다. 그리고 동물권은 사람이 챙겨주지 않으면 불가능하기 때문에 우리의 관심이 더 필요하다.

사자는 사람보다 힘이 세다. 그래서 사람과 사자가 1 대 1로 싸우면 당연히 사람이 지고 자칫하면 죽을 수도 있다. 하지만 우리는 사자를 동물원에 가둬 두고 구경한다. 코끼리는 또 어떤가? 사람보다 몸집이 훨씬 크고 힘이 센 코끼리도 훈련시켜 등에 관광객을 태우게 한다. 이를 코끼리 트래킹이라고 한다. 코끼리는 원래 생태적 습성상 등에 다른 동물을 태우지 않는데, 야생성을 없애고 관광용 돈벌이로 활용하려고 파잔의식을 한다. 파잔의식이란 4, 5년이 채 안 된 어린 코끼리를 작은 틀 안에 넣어 움직이지 못하게 하고, 말을 들을 때까지 날카로운 송곳으로 찌르고 때리는 것이다. 사람의 명령에 복종하도록 길들이는 과정인데, 이 과정에서 수많은 코끼리가 상처를 입고 피를 흘린다. 그래서 이

파잔의식과 코끼리 트래킹을 금지해야 한다는 목소리가 높다. 바다에 있는 동물도 마찬가지다. 고래도 사람에게 사냥당하고 잡혀서 수족관에 전시된다.

결국 몸집이 크든 작든, 힘이 세든 약하든 모든 동물은 사람보다 약자다. 즉 동물보호복지 및 동물권을 생각하자는 것은 다른 사회적 약자에게 관심을 갖자는 것과 같은 맥락이다. 사람으로서 당연히 해야 할 의무다.

동물이 건강해야 사람도 건강하다

더구나 동물복지는 동물만을 위한 것이 아니라 사람에게도 필요하다. 우리가 동물의 복지를 신경 쓰면 동물이 더 건강해지고, 동물이 건강해야 사람도 건강할 수 있다. 그리고 건강은 복지의 기본이기 때문에 결국 동물복지는 최종적으로 사람의 복지로 연결된다. 〈동물복지↑→동물건강↑→사람건강↑→사람복지↑〉라는 공식이 성립되는 것이다. 그럼 동물과 사람의 건강 및 복지가 어떻게 연결되어 있는지 자세히 알아보자.

우선, 반려동물을 키우는 사람이 그렇지 않은 사람에 비해 신체적, 정신적으로 더 건강하다는 사실이 여러 차례 입증되었다. 반려동물을 기르는 사람들이 혈압이 낮고 스트레스가 적으며,

반려동물 양육 노인들이 병원을 적게 방문하는 것으로 나타났다. 또한 심장질환 환자들 중 반려동물을 기르는 환자가 심장발작 후 1년 생존율이 8배 높았으며, 어릴 때부터 2마리의 이상의 개, 고양이와 함께 산 아이는 각종 알레르기 요인으로부터 해방된다.

몇년 전, '개를 기르는 사람이 그렇지 않은 사람에 비해 심혈관계 질환 발생 확률 및 사망 확률이 낮다'는 연구 결과가 소개된 적이 있다. 스웨덴 웁살라대학교 무방가 교수팀은 40세에서 80세까지 340만 명의 정보를 분석했다. 연구팀은 스웨덴에서 반려견 등록이 의무화된 2001년부터 2012년까지 이들의 병원 방문 기록을 조사했는데, 그 결과 개를 기르는 사람이 심혈관계 질환 발생 확률이 적다는 사실을 밝혀냈다. 특히 테리어, 리트리버 등 사냥을 위한 품종들을 기르는 경우에 심혈관계 질환 발생 확률이 더 낮았다.

연구팀은 개를 기르는 경우 물리적인 활동이 늘어나고, 사회적인 접촉이 증가하며, 반려인의 장내 미생물군집 변화를 일으켜 심혈관계 질환 발생 확률을 낮춘다고 분석했다. 미생물군집과 관련해서는 개를 기를 경우 집안환경이 변화하면서 반려인의 미생물군집도 변화할 것으로 추정했다.

이런 효과는 혼자 사는 사람들에게 더 두드러졌다. 이번 연구를 이끈 무방가 교수는 "혼자 살면서 개를 키우는 사람은 (개를 기르지 않는 혼자 사는 사람에 비해) 사망 확률이 33% 감소했으며, 심장발작 확률도 11% 감소했다"고 밝혔다. 이어 "이는 아마도 반려견이 가족 구성원으로서 중요한 역할을 하기 때문"이라고 설명했다.

이 연구를 접한 영국심장재단 마이크 냅튼 박사는 "개를 기르는 사람들의 심장질환 발생 확률이 낮고 사망률이 감소한다는 점은 이미 앞선 연구에서 여러 차례 입증되었다"며, "개를 기르는 사람들은 많은 장점이 있는데, 이제 그 장점 중 하나로 심장의 건강을 확실하게 꼽을 수 있게 되었다"고 말했다.

반려동물은 병도 이기게 해준다?

토론토대학교 교수이자 수의사인 케이트 호지슨. 그는 동물이 사람을 건강하게 만든다는 '주에이아(Zooeyia)' 개념을 창시한 것으로 특히 유명하다. Zooeyia는 동물을 뜻하는 zoion과 건강을 의미하는 hygeia를 합친 것으로, 동물이 사람의 건강에 미치는 긍정적인 효과를 말한다. 케이트 호지슨 교수는 한국처럼 도시화가 빠르게 진행된 국가일수록 주에이아가 매우 중요하며, 비만, 흡연, 음주, 사회적 고립, 운동부족 등 사람의 질병을 일으키는 다양한 원인을 줄이는 데 반려동물이 도움이 된다고 말한다.

그에 따르면 동물은 크게 사람의 사회적 접촉을 증가시키는 매개체이자, 흡연 및 알코올중독 등 문제행동을 줄이는 데에 도움을 주고, 규칙적인 식사로 건강 유지를 가능하게 하며, 동물매개치료 등 직접적인 방법으로 사람의 질병 치료를 돕기도 한다. 개를 기르면서 개의 건강과 운동을 위해 산책을 시키다 보면 자연스럽게 보호자의 건강도 좋아지고 살도 빠지면서 다이어트가 되는 것이 가장 쉬운 예다.

앞에서 언급했듯이 산책은 반려견에게 운동일 뿐만 아니라 하나의 놀이이자 문제행동을 줄이는 치료제이며, 사회성을 길러주는 교육이다. 산책을 꾸준히 하는 반려견이 정신적, 신체적으로 더 건강하다. 그리고 반려견과 함께 산책함으로써 사람도 건강해진다. 동물과 사람이 함께 건강해지는 것이다.

금연하고 싶다면 동물과 함께하라

흡연자의 배우자는 비흡연자의 배우자에 비해 폐암 발생률이 30% 더 높고, 심장병에 걸릴 확률이 50% 더 높다는 연구 결과가 있다. 이러한 간접흡연의 피해는 특히 세포와 조직이 성숙되지 않은 아이들에게 더 큰 피해를 입히는데, 간접흡연을 한 아이가 그렇지 않은 아이에 비해 암에 걸릴 확률이 100배 이상 높아지는 것으로 알려져 있다.

반려동물 역시 간접흡연의 피해를 받는다. 미국 식약청은 "간접흡연이 반려동물의 생명을 위협한다"고 밝히며, 흡연자가 키우는 개는 천식, 기관지염 등 호흡기 질환에 더 자주 걸리며, 폐암 발생 확률이 증가한다고 경고했다. 미국 식약청 조사에 따르면 반려인이 흡연할 때 옆에 있는 동물은 구강 편평상피암, 림프종, 유선종양, 비강종양, 폐암 등의 암 발생확률이 높아지고, 천식, 기관지염 등 호흡기 질환에도 더 자주 걸린다. 장두종 개는 특히 비강종양 발생확률이 2.5배나 높아진다. 비강이 길기 때문에 담배 연기가 비강을 통과하는 시간도 늘어나기 때문이다. 반면, 단두종 개는 폐암 발생확률이 큰데, 상대적으로 비강이 짧아서 담배 연기가 비강을 빠르게 통과하고 폐로 들어가기 때문이다.

고양이는 개보다 피해가 더 크다. 흡연자가 내뿜은 담배연기를 흡입하는 2차 흡연뿐만 아니라 털이나 피부에 남아있는 악성 성분을 흡수하는 3차 흡연의 피해까지 입는다. 공기 중에 담배 연기가 사라졌다고 해도 털과 피부에는 담배의 악성 성분이 오랫동안 남게 되는데, 이런 성분이 그루밍 과정에서 고양이의 입안으로 들어가 각종 종양을 유발하는 것이다. 한 연구 결과에 따르면 흡연자가 키우는 고양이는 비흡연자가 키우는 고양이에 비해 림프육종 발생 확률이 2.5배 높으며, 5년 이상 간접흡연에 노출된 고양이는 림프육종 발생 확률이 3.2배까지 높아진다고 한다.

사람과 동물, 환경의 건강은 하나다

집 밖에 나가 흡연하는 경우 도움은 되지만 간접흡연을 완벽하게 막지는 못한다. 신생아의 경우 부모가 집 밖에서만 담배를 피우더라도 비흡연 부모의 신생아에 비해 담배 성분에 5배 내지 7배 더 많이 노출된다는 보고가 있는데, 이런 피해는 반려동물에도 적용될 수 있다.

이쯤 되면 '왜 자꾸 흡연 얘기를 하는지' 궁금해하는 독자도 있을 것이다. '동물의 건강과 사람의 건강이 연결되어 있는 것'과 '담배'가 무슨 관련이 있을까. 결론부터 말하면 흡연자에게 금연을 권장할 때 "당신이 기르는 반려동물이 간접흡연의 피해를 입는다"라고 말하면 금연 효과가 더 높아진다는 연구 결과가 있기 때문이다. 많은 반려인들이 자신의 동물이 건강하기를 바란다. 그래서 간접흡연의 피해가 반려동물에게도 전달된다고 하면, 그토록 어렵다는 금연에 성공하는 것이다. 이 책을 읽는 반려동물 보호자들도 이 말을 기억했으면 좋겠다.

"당신의 흡연으로 동물이 아플 수 있습니다."

이처럼 동물의 건강과 사람의 건강은 서로 영향을 준다. 이런 개념이 하나의 건강을 뜻하는 '원헬스(One Health)'다. 더구나 사람과 동물 모두 환경 안에서 살아가기 때문에 환경의 영향을 받을 수밖에 없다. 그래서 원헬스 개념에는 환경의 건강도 포함된다. 원헬스는 사람의 건강, 동물의 건강, 환경의 건강이 하나로 연결되어 있다는 개념으로, 인류의 보건 문제를 해결하기 위해 사람, 동물, 생태계 분야 전문가들이 힘을 합쳐야 한다는 의미다.

세계동물보건기구에 따르면 최근 사람에게 발생한 신종 전염병 중 상당수가 동물에게서 사람으로 전파된 인수공통감염병이라고 한다. 이제는 과거처럼 사람 건강 따로, 동물 건강 따로 접근하면 문제를 해결할 수 없다는 뜻이다. 이런 때일수록 사람과 동물과 환경을 함께 생각하는 원헬스적 접근 방식이 필요하다. 환경이 아프면 그 안에 사는 동물이 아프고, 동물이 아프면 사람도 아프다.

원헬스에서 찾아야 할 감염병

우리나라까지 온 인수공통감염병

세계동물보건기구에 따르면 새롭게 생겨나는 사람의 신종 감염병 중 60%가 인수공통감염병이며, 그중 최소 75%가 동물로부터 기원한다고 한다. 매년 5개의 새로운 사람 질병이 생겨나는데, 이 중 3~4개가 동물로부터 전파되는 질병인 것이다.

2002년 국내에 발생해 수백 명의 사망자를 발생시킨 사스, 즉 중증급성호흡기증후군은 중국에서 사향고양이로부터 전파된 것으로 알려져 있다. 2009년 전 세계를 휩쓸면서 우리나라에서만 270명의 사망자를 낸 신종플루는 돼지의 독감 바이러스가 변이

되어 사람에게 감염된 경우였다. 2009년 4월 멕시코에서 처음 발병했을 때는 '돼지인플루엔자'로 불렸는데, 나중에 오해를 없애려 보건복지부와 질병관리본부가 신종 인플루엔자로 명칭을 변경했다. 2014년부터 서아프리카에서만 수만 명의 목숨을 앗아간 에볼라 바이러스의 숙주는 정글 등 야생에서 서식하는 과일박쥐로 알려졌다. 최초 감염자가 박쥐로부터 전염된 것으로 추정되었는데, 에볼라는 사람은 물론 과일박쥐, 고릴라, 침팬지, 설치류 등에도 감염된다. 2015년 전국을 강타한 중동호흡기증후군 '메르스' 역시 중동에서 낙타로부터 감염이 시작됐다. 덕분에 애꿎은 서울대공원의 낙타 2마리가 메르스 감염검사를 받기도 했다. 조류인플루엔자도 인수공통감염병이다. 우리나라에서는 아직 인명피해가 없지만 중국과 홍콩에서는 조류인플루엔자 감염으로 이미 수백 명이 목숨을 잃었다. 그리고 코로나19도 마찬가지다. 2020년 전 세계를 강타한 코로나19 역시 인수공통감염병이다.

사스, 신종인플루엔자, 메르스에 이어 코로나19까지 계속해서 새로운 인수공통감염병이 등장하자, 세계보건기구(WHO)는 아예 '감염병-X(Disease-X)'라는 용어를 만들었다. 미래에 전 세계적인 팬데믹을 일으킬 수 있지만, 아직 알려지지 않은 미지의 병원체를 뜻하는 말이다. 코로나19 이후의 감염병-X는 무엇이 될까? 조심스럽게 예측해보자면, 그 질병도 인수공통감염병일 것이다.

반려견에서 사람으로 옮기는 전염병

야생동물뿐만 아니라 반려동물도 사람에게 신종질병을 전파할 수 있다. 중증열성혈소판감소증후군(SFTS)이 반려견에 의해 사람으로 전파된 것이 대표적인 예다. 참진드기에 물려 전염되는 SFTS 환자는 매년 꾸준히 증가하고 있다.

2013년 국내에 처음 보고된 SFTS는 2017년까지 총 607명에게 감염됐는데, 그중 127명이 사망했다. 2013년 36명에 불과했던 연간 환자 수도 2017년에는 272명으로 크게 증가했다. 전문가들은 앞으로도 SFTS 발생이 늘어날 것이라고 한다. 기후변화와 야생동물 개체수 증가로 국내 환경이 진드기가 살기 유리한 조건으로 변화하고 있기 때문이다. 특히, 반려견에서 사람으로 SFTS가 전파된 사례가 일본에서 보고되고, 국내에서도 전파 의심 사례가 나오면서 불안감이 커지고 있다.

일본 후생노동성은 2017년 10월 "도쿠시마현에 사는 40대 남성 A 씨에게서 반려견으로부터 전파된 것으로 의심되는 SFTS가 확인되었다"고 발표했다. 일본 후생노동성에 따르면, A 씨는 2017년 6월 초 기르던 반려견의 몸 상태가 나빠져 동물병원에 데려갔고 거기서 개의 SFTS감염을 확인했다. 그런데, 그달 중순경 A 씨도 건강이 나빠져 진찰을 받은 결과 SFTS로 확진됐다고 한다. 후생노동성은 "A 씨에게 진드기에 물린 흔적은 확인되지 않았다"며 감염된 강아지의 타액에 직접 닿은 것을 전파경로로 추정했다.

일본 후생노동성은 "건강 상태가 나쁜 반려견이 있을 경우 과도한 접촉을 삼가고 즉시 동물병원에서 진찰을 받아야 한다"고 당부했다. 일본 현지 동물병원 관계자는 "(반려견에서 사람으로 SFTS가 전파되는 것은) 매우 드문 경우로 추정되지만, 야외활동이 많은 지방에서는 건강이 좋지 않은 개를 간병할 때 주의를 당부하고 있다"고 말했다.

우리나라에서도 2018년 6월, 반려견에서 사람으로 SFTS 전파가 의심되는 사례가 나왔다. 부산에서 SFTS로 사망한 80대 환자가 기르던 반려견에게서 SFTS 항체가 검출된 것이다. 80대 환자가 최초로 증상을 호소한 것은 6월 20일이었다. 그런데 이보다 열흘 앞선 6월 10일경 환자가 기르던 반려견 2마리 중 1마리가 발열과 혈변 증상을 보였다. 정부는 80대 환자가 사망한 뒤 반려견 2마리를 대상으로 항체 검사를 시행했고, 한 마리에서 강한 항체 양성 반응을 확인했다. 부산 보건당국은 "환자가 평소 반려견과 집주변을 산책하는 것 외에는 별다른 야외활동을 하지 않았다"며 반려견에 붙어 있던 참진드기에 물렸거나, 감염된 반려견의 체액을 통해 사람으로 전염됐을 가능성을 제기했다.

물론, 이 사례에서 실제로 반려견이 사망한 환자에게 직접 바이러스를 전파했는지는 입증되지 않았다. 하지만, 우리나라 전국에 분포하는 참진드기의 약 5%가 SFTS 바이러스에 감염되어 있는 만큼 주의가 필요한 것은 분명하다. 개들이 감염 위험에 노출되어 있는 것이다.

단, 너무 걱정하지는 말자. 진드기 예방만 철저히 해주면 SFTS 감염 가능성은 사실상 없다. 따라서 개들의 건강은 물론 사람의 건강을 위해서, 반드시 반려견에게 진드기 예방을 해주자.

예방접종과 환경 개선이 절실해져

매년 10월부터 12월이면 급성 인플루엔자 바이러스를 예방하기 위한 독감 예방접종이 진행된다. 세계보건기구가 매년 권장 백신주를 지정해서 알려주면 지역 병원, 보건소에서 예방접종을 받을 수 있다. 그런데 사람의 독감처럼 개도 독감이 있다. 개 인플루엔자 바이러스로, 요즘에는 개 인플루엔자 예방을 위한 예방접종도 많이 하는 추세다. 개 인플루엔자 바이러스는 사람의 독감처럼 발열, 기침, 콧물 등의 호흡기 증상을 일으킨다. 치사율은 5%에서 10%로 높은 편은 아니지만 전파력이 강하다. 우리나라에서도 2007년 대대적으로 발생해 이슈화된 적이 있다.

그런데 최근 충격적인 연구 결과가 공개됐다. 개 인플루엔자 바이러스가 사람 쪽으로 변이되고 있으며, 개농장이 주요한 원인 중 하나라는 내용이었다.

현재까지 보고된 개 인플루엔자 바이러스는 H3N8형과 H3N2형으로 나뉘는데, 2004년 미국에서 보고된 H3N8형의 경우 말 인플루엔자에서 유래된 데에 비해, 2007년 우리나라에서 발견된 H3N2형은 조류인플루엔자에서 변이된 것으로 추정된다. 당시 개홍역(디스템퍼)과 비슷한 증상을 보이는 개들이 디스템퍼 검사에서 음성이 나왔는데, 조류인플루엔자 키트 검사를 했을 때 양성이 나오면서 이 같은 사실이 밝혀졌다.

그런데 왜 우리나라에서 조류인플루엔자를 유래로 하는 개 인플루엔자가 발생했을까? 그 이유 중 하나로 개 식용 산업이 꼽힌다. 개농장에서는 폐사된 닭을 개들의 먹이로 주는 경우가 종종 있다. 양계장에서는 폐사된 닭을 처리할 수 있어서 좋고, 개농장에서는 사료 값을 아낄 수 있으니 서로 상부상조한다고 생각하지만, 이 과정에서 폐사된 닭이 바이러스를 매개하고 유전자 재조합이 발생해 개에게 친화력이 높은 개 인플루엔자 바이러스가 만들어질 수 있다.

개농장은 정식으로 허가받은 축산농장이 아니기 때문에 방역관리에도 취약할 수밖에 없다. 전문가들은 이미 국내 곳곳에 H3N2형 개 인플루엔자 바이러스가 퍼져 있다고 말한다.

그런데 더 큰 문제가 있다. 개 인플루엔자 바이러스가 점차 사람 독감 바이러스와 섞이고 있다는 점이다. 아직까지 사람에게 감염되었다는 보고는 없지만, 사람에게 친화적인 방향으로 변이가 일어나고 있다는 것은 분명하다. 개는 사람과 가장 밀접하게 지내는 동물이기 때문에, 개 인플루엔자 바이러스가 언젠가 사람에게 전염되어 사람이 죽어도 전혀 이상할 것이 없는 상황이다. 사람과 동물의 건강이 별개가 아니라는 원헬스 관점에서 개 인플루엔자 바이러스의 변이를 유심히 지켜봐야 할 시점이다.

동물보호법, 다행이지만 갈 길은 멀다

규정은 있지만 이름뿐인 법

"우리나라 동물보호법이 약해서 더 강화되어야 한다"고 말하는 이들이 많다. 잔인한 동물학대에 대한 처벌이 약하고, 실제 처벌로 이어진 사례가 적으며, 말도 안 되는 동물학대 사건이 끊이지 않고 발생하기 때문일 것이다.

동물보호법 제8조 '동물학대 등의 금지'는 동물학대 행위를 구체적으로 명시하고 있으며, 이를 어길 경우 2년 이하의 징역 또는 2,000만 원 이하의 벌금에 처한다. 여기에 '동물을 죽음에 이르게 하는 행위'는 3년 이하의 징역 또는 3,000만 원 이하의 벌금으로 상향된다. 이마저도 얼마 전까지는 1년 이하의 징역 또는 1,000만 원 이하의 벌금이었다. 하지만 지금까지 제대로 처벌한 적은 거의 없다. 잔인한 동물학대 행위자들도 대부분 가벼운 벌금형에 그친다. 실제로 한 동물보호 단체가 2015년부터 2017년까지 3년간 우리나라에서 동물학대 행위로 처벌받은 사례를 분석해보니 벌금형을 받은 경우는 68건, 징역형 사례는 단 2건이었다. 징역형도 동물학대 행위만으로 처벌받은 것이 아니라 다른 법을 위반한 혐의까지 합쳐져서 가중 처벌을 받은 경우였다. 1,000만 원의 최고형 벌금형은 단 한 차례도 없었으며, 사회적 공분을 산 사건에 한해서만 몇 차례 300만 원 내지 500만 원의 선고가 있었을 뿐이다.

그나마 긍정적인 것은 최근 동물보호법에 대한 국회의 관심이 높아졌고, 실제 동물보호법 개정으로 이어지는 사례가 늘어나고 있다는 점이다. 20대 국회에서만 2번의 동물보호법 개정이 있었다. 우선 2016년 전국을 충격에 몰아넣었던 강아지공장 사건을 계기로 동물생산업을 신고제에서 허가제로 바꾸는 것을 핵심으로 한 동물보호법 개정이 대표적이다.

특히 법안 통과 과정에서 동물보호 단체와 수의사 단체가 한목소리를 냈다는 점에 큰 의미를 두고 싶다. 개별적으로 활동하던 동물보호 단체들이 동물보호법 개정을 위한 동물유관단체 대표자 협의회(이하 동단협)이라는 이름으로 뭉쳐서 동물보호법 개정 준비 모임을 개최하며 법안을 함께 다듬고 발의까지 이어지도록 노력했다. 이 협의회에는 그간 동물보호 단체와 관계가 가깝지 않았던 수의사 단체들도 대거 참여해서 힘을 모았다.

그나마 결실을 맺은 동물보호법

동단협은 2016년 7월부터 동물보호법 개정이 완료된 2017년 3월 2일까지 매주 모여 동물보호법 개정을 촉구하는 촛불문화제와 간담회를 꾸준히 개최했으며, 동물보호 컨퍼런스와 동물보호법 개정 건의식, 동물보호법 개정 지지 누리꾼 대토론회, 동물보호법 통과 촉구 시민문화제, 동물보호법 개정 점검 간담회 등을 열어 법안 개정에 힘을 쏟았다. 대구, 광주, 대전, 부산 등 지방의 활동가들도 행사 때마다 함께했다.

규모가 큰 동물보호 단체들도 동물보호법 개정 지지 대토론회와 동물보호법 통과 촉구 시민문화제에 동참했고, 이들은 토론회 개최, 토론회 패널 참여, 컨퍼런스 개최, 서명운동 진행, 국회 입법 활동 전개 등으로 법안 개정에 힘을 모았다.

이에 여야 국회의원 50여 명이 참여하고 있는 동물복지 국회포럼에서도 동물보호법 개정안 발의, 동물보호복지 토론회 개최, 농림축산식품부 장관 면담, 농림축산식품해양수산위원회 의

원 설득 등으로 법안 개정에 힘을 실었으며, 방송과 언론으로 관련 내용을 접한 국민들의 적극적인 관심과 참여 또한 빛났다. 동물보호 단체, 수의사 단체, 국회, 그리고 국민들이 하나가 되어 동물보호법 개정이라는 결과물을 도출한 것이다. 동물보호법 발의부터 통과까지 많은 역할을 담당한 한정애 국회의원은 "이번 동물보호법 개정을 계기로 뿔뿔이 흩어져 있던 동물보호 단체와 수의사 단체들이 하나로 모여 힘을 합치게 되었다"며, "이런 단합이면 못 할 것이 없을 것 같다"고 말하기도 했다.

국회의 관심이 높아졌다는 점도 큰 의미가 있다. 20대 국회(2016년~2020년)는 이전과 달리 국회가 시작되자마자 동물보호법 개정안 발의가 줄을 이었다. 18대, 19대 국회의 경우 100일 동안 단 1건의 동물보호법도 발의되지 않았는데 20대 국회는 개원 100일 만에 10건의 동물보호법을 발의했고, 2번의 동물보호법 개정까지 이루어냈다. 높아진 동물보호복지에 대한 국민들의 관심을 정치권에서 반영하기 시작한 것이다.

20대 국회 두 번째 동물보호법 개정은 개 물림 사고 때문에 진행됐다. 개 물림 사고가 사회적 이슈가 되자 맹견 관리에 초점을 둔 법안이 연달아 발의되었고, 이것이 하나의 법으로 담겨 국회 농림축산식품해양수산위원회 법안심사소위를 통과했다. 법 개정의 많은 부분이 법률상 맹견 정의를 신설, 맹견 출입금지 구역을 설정하는 등 동물보호보다는 개 물림 사고 공포에 입각한 맹견 규제에 초점을 두었다는 점은 안타깝지만, 20대 국회가 절반도 지나지 않은 시점에서 동물보호법 개정안이 두 번이나 통과됐다는 점은 의미가 컸다.

아울러 19세 미만 미성년자의 동물 해부실습 금지 조항 신설, 실험동물 입양 근거 마련, 기본적인 양육관리 의무 위반으로 동물에게 상해나 질병을 유발한 경우 동물학대로 처벌하는 내용도 새롭게 생겼다.

동물 복지까지 신경써야 하나요

동물에 대한 국민의 관심은 '동물보호'에서 '동물복지'로 발전한다.

우선 동물을 학대하지 말고 보호해야 한다는 생각은 이미 사회적 합의가 이뤄진 것 같다. 강아지를 자동차에 묶고 끌고 다녔던 악마 에쿠스 사건, 길고양이를 잡아다가 불에 달군 꼬치로 찌르고 뜨거운 물을 부은 길고양이 학대 사건, 조련을 이유로 바다코끼리의 뺨을 때리고 수염을 뽑았던 주주동물원 학대 사건 등에 많은 사람이 분노했고, 강력한 처벌을 요구했다. 죄 없는 동물을 괴롭히고 학대하는 짓을 국민들이 더는 용납하지 않는 것이다. 이처럼 '동물보호'는 이미 우리 사회에서 어느 정도 보편화된 가치다.

그러나 동물을 학대하지 말고 보호해야 하는 것은 당연하지만 동물의 복지까지는 아직 신경 쓰지 못하는 경우가 많다. 그 대표적인 예가 동물복지인증 축산물 소비가 여전히 낮다는 점이다.

2017년 전 국민을 불안에 떨게 한 '살충제 계란 파동'을 기억하는가? 계란에서 살충제 성분이 검출되면서 전국이 뒤집혔다. 그런데 왜 계란에서 살충제가 검출됐을까? 이는 닭의 피를 빨아먹어 큰 피해를 주는 '닭진드기'를 예방하기 위해 농장에서 살충제를 뿌리기 때문이다. 특히 "닭을 지금처럼 A4 용지 크기 케이지에 넣어서 움직이지 못하게 하지 말고 풀어서 키워라. 그러면 닭이 스스로 모래목욕을 해서 닭진드기를 제거하므로 살충제를 쓸 필요가 없다"는 주장이 화제가 되면서 닭의 양육환경과 동물복지 농장에 관한 관심이 높아졌다. 닭의 복지를 높여주면 살충제를 쓸 필요가 없어지고, 그럼 살충제 계란이 우리 식탁에 올라오는 일도 자연스레 없어진다는 얘기였다.

구제역, 고병원성 AI로 수천만 마리의 가축이 살처분될 때는 관심이 없다가 사람이 먹는 달걀에서 살충제가 나오자 갑자기 동물복지 축산물에 관심을 두기 시작한 것이다.

동물복지 인증제도, 잘 되고 있을까

정부는 2012년부터 동물복지 축산농가 인증제도를 시행하고 있다. 높은 수준의 동물복지 기준에 따라 인도적으로 동물을 양육하는 농장을 인증하고 인증마크를 부여하는 제도다. 2012년 산란계 농장을 시작으로 돼지, 육계, 한우 및 육우, 젖소, 염소, 오리 농장에서 시행 중이다. 하지만 2021년 1월 기준 동물복지 인증을 받은 농장은 296개뿐이다. 그나마 산란계 농장이 168개로 가장 많은데, 우리나라에 산란계 농장이 1천개 이상 있는 것을 고려하면 168개 역시 턱없이 낮은 비율이다. 달걀과 우유의 경우, 돼지나 소보다 동물복지 인증이 훨씬 수월함에도 불구하고 여전히 동물복지 농장 비율은 낮다.

동물복지 농장 인증을 받으려면 많은 시설 투자가 필요하고 관리 비용도 상승한다. 당장 배터리 케이지에 넣어서 닭을 키울 때와 풀어서 키울 때를 비교해보면 필요한 공간부터 달라진다. 동물복지인증 농가에서 생산된 동물복지 축산물은 가격이 높을 수밖에 없다.

"동물복지 축산물의 판로 개척 어렵다."

2017년 9월, 한 동물단체가 동물복지 축산농장 인증 농가를 대상으로 '동물복지 축산 유지가 어려운 이유'를 설문조사 했을 때 2위를 차지한 응답이다. 어렵게 동물복지 축산물을 생산해도 판매로 이어지지 않기 때문에 동물복지 축산 유지가 어렵다는 것이다. 결국 소비자들이 비싼 돈을 내더라도 동물복지 축산물을 사지 않는다면 동물복지 축산물도 자리 잡을 수 없다.

동물복지 축산농가 인증제도가 시행된 지 9년이 흘렀지만, 여전히 이 제도를 아는 사람은 적다. 농촌진흥청이 2017년 7월 소비자 502명을 대상으로 설문조사를 한 결과 '동물복지'를 들어봤다고 응답한 소비자는 62.4%였지만 동물복지인증제도를 아는 소비자는 37.8%에 불과했다. 심지어 동물복지 인증마크를 알고 있는 소비자는 단 23.3%였다. 그나마 농림수산식품교육문화정보원의 조사 결과, 동물복지 축산농장 인증제도에 대한 국민 인지도가 2018년 46%, 2019년 63.9%로 빠르게 늘고 있다는 점은 다행이다.

홍보 부족보다 더 큰 문제는 소비자들의 인식이다. 동물복지 축산농장 인증제도와 동물복지 달걀에 관해 설명한 뒤 "동물복지 달걀을 구매하시겠습니까?"라고 물었을 때 92%의 소비자가 구매하겠다고 응답했지만, 가격을 제시한 뒤 구매 여부를 다시 묻자 응답자는 62.7%로 줄어들었다. 일반 달걀보다 비싼 가격 앞에 선택을 망설인 것이다. 실제 동물복지 달걀은 일반 달걀보다 1.5배에서 2배 정도 비싸다. 이처럼 '동물보호'는 당연하지만, '동물복지'는 아직 가격의 벽을 넘지 못하는 게 우리나라의 현실이다.

법 이름이 '동물복지'법이 아니라 아직 '동물보호'법인 것에서도 이러한 현실이 확인된다. 2013년 동물보호법의 명칭을 동물복지법으로 바꾸는 동물보호법 전면 개정안이 발의되었으나 통과되지 못하고 임기만료로 폐기된 적이 있다. 국회에서도 아직 동물복지에 대한 사회적 합의가 안 됐다고 판단한 것이다.

일각에서는 동물복지(Animal Welfare)의 다음 단계로 동물권(Animal Right)을 주장하기도 한다. 사람에게 인권이 중요한 것처럼 동물에게도 동물의 권리인 '동물권'이 중요하다는 것이다. 당연한 말이다. 그런데, 동물권을 주장하는 단체 중에서는 인간으로부터 '동물의 해방'을 주장하는 곳도 있다. 인간의 이익을 위해 동물을 이용하는 것을 전면 반대하는 것이다. 하지만, 나는 '아직까지' 현실적으로 인간이 동물을 이용할 수밖에 없는 측면이 있다고 본다. 그리고, 인간이 동물을 이용할 수밖에 없다면, 동물을 인도적으로 대하고 동물의 삶의 질과 기본적인 습성을 고려하는 자세가 중요하다고 생각한다. 이러한 자세가 바로 '동물복지'의 기본이 아닐까?

보호와 산업 사이에서 길 찾기

"반려동물 산업을 새롭게 키우겠다"

지난 2016년 7월 청와대에서 대통령 주재로 열린 관계부처 합동 제10차 무역투자진흥회의에서 신산업 육성을 중심으로 투자활성화 대책이 발표되었다. 그리고 5개의 중점 추진과제 중 하나로 '반려동물 보호 및 관련 산업'이 포함됐다. 정부가 반려동물 산업을 신산업으로 보고 대대적으로 육성하겠다는 의지를 밝힌 것이다.

당시 정부는 "1인 가구 증가, 저출산 및 고령화 등으로 반려동물 보유 가구가 지속적으로 증가하고 있다"며, "반려동물의 생애 주기별 제도를 정비하고, 산업발전 인프라를 구축하여 건강한 반려동물 생태계를 조성해, 반려동물 산업의 건강한 발전을 이루고 국민의식 선진화, 반려동물 시장 확대, 관련 일자리 창출 도모를 이끌겠다"고 설명했다.

정부가 발표한 반려동물 관련 주요 정책은 1. 생산업 관리 강화 2. 유통구조 개선 3. 동물병원 규제 완화, 동물보험 및 반려동물용 의약품 · 펫용품, 펫사료 · 동물간호사 제도화 · 창업 및 창직 등 반려동물 산업기반 확충, 4. 장묘업과 유기동물 보호 등 사후관리 체계화, 5. 인프라 구축 등 크게 다섯 가지였다. 발표 이후에 "좋은 정책도 있지만, 잘못된 부분도 있다"는 평가가 이어졌다.

반려동물 생산업 허가제 도입, 동물 판매자 사후 책임 강화(폐사 · 질병에 대한 판매자 책임 강화, 개체관리카드 서식에 판매업자 등록번호 및 연락처 추가), 동물 등록 확대, 동물병원이 의약품도매상으로부터 인의약품을 직접 구매할 수 있도록 유통구조 개선, 약사와 한약사 외에도 일정 요건을 충족한 자에게 동물용의약품 등 제조 및 수입관리자 자격 부여 추진, 반려동물 관련 중소업체의 제품 · 서비스 해외 진출 지원, 반려동물 보호자 기본 에티켓 홍보 및 동물 유기 시 처벌 강화, 지자체 동물보호센터 설치 지원, 반려동물에 대한 통계조사 항목 추가 및 표본 확대 등은 올바른 대책에 속한다. 동물생산업 허가제 전환 등 일부 대책은 실제로 시행되었다.

그러나 동물경매업 신설 및 경매업 등록제 시행, 반려동물 범위 확대, 동물 온라인 판매 허용, 동물병원 설립규제 완화(수의사 조합원 협동조합 형태 동물병원 허용), 반려동물 진료비 공시제 등은 논란이 되었다.

우선 동물경매업 문제를 들여다보자. 정부는 동물보호법에 없는 경매업을 신설하고, 거래 시 판매자의 정보 제공 의무 및 사후책임을 강화해 반려동물 유통산업 체계화를 꾀하겠다고 밝혔다. 당시 동물보호법상 규정된 반려동물 관련 영업은 동물생산업, 동물판매업, 동물수입업, 동물장묘업 등 4개였으며, 경매장의 경우 동물판매업에 준해 평가되고 있었다. 이에 대해 동물단체들은 "생명 소비를 확대해온 주범인 경매업은 신설 · 육성해야 할 것이 아니라 시급히 사라져야 옳다", "경매업은 동물판매업만으로도 관리 할 수 있으며, 경매업 신설로 인해 무분별한 번식의 폐해가 더 클 수 있다"고 주장하며 강력히 반대했다. 결국, 동물경매업은 별도로 신설되지 않았고, 경매장은 여전히 동물판매업으로 관리되고 있다. 그 대신 동물전시업, 동물운송업, 동물위탁관리업, 동물미용업 등 4개의 영업이 새롭게 추가되며 반려동물 관련 영업의 종류가 총 8개로 늘어났다.

또한 조류, 파충류, 어류까지 포함해 반려동물의 개념을 재정

립하겠다는 방안에도 "개, 고양이도 제대로 관리하지 못하면서 욕심은 하늘을 찌른다"는 평가가 나왔다.

협동조합 동물병원 설립을 허용하겠다는 계획도 비판을 받았다. 2013년 수의사법 개정에 따라, 현재 우리나라에서는 영리법인 동물병원을 개설할 수 없다. 그런데 영리 목적의 협동조합 동물병원은 2013년 법 개정 취지에 위배된다. 2013년 영리법인 개설금지 수의사법 개정과 2016년 반려동물 보호 및 관련 산업 육성 계획 발표는 모두 같은 정부 아래 일어났던 일이다. 이에 "같은 정부에서 서로 상반된 정책을 추진한다"는 지적이 나왔다.

관련 산업 키우려다 보호는 놓쳐

어떻게 이런 애매한 대책이 포함되었을까? 나는 정부가 어설프게 두 마리 토끼를 잡으려 했기 때문이라고 생각한다.

2016년 당시 정부의 대책은 새로운 산업을 육성해 경기회복과 투자활성화를 이끌겠다는 목적에 수립된 계획이었다. 반려동물 산업 분야의 각종 규제를 완화하고 제도를 개선해 산업을 키우고 일자리를 만들겠다는 의도였다. 그런데 반려동물 분야는 생명과 연관된 분야이기 때문에 무작정 산업을 육성하겠다고 하면 비난받을 수밖에 없다. 그러다 보니 정부도 동물보호를 신경 쓰지 않을 수 없었고, '산업'뿐만 아니라 '동물보호'까지 포함해 대책 이름을 '반려동물 보호 및 관련 산업 육성 대책'으로 정했다.

당시 정부의 고민은 이름뿐만 아니라 대책 곳곳에서 발견되었다. 동물의 온라인 판매가 대표적이다. 산업을 육성하려면 동물 판매가 늘어야 하고, 그러려면 온라인 판매도 이루어져야 할 것으로 판단해, 판매업 등록을 한 업체에 한해 온라인 판매를 허용하겠다는 계획을 담았다. 그러나 비난의 목소리가 두려웠는지 반려동물 운송에 관한 별도 기준을 마련하겠다는 보완 계획을 함께 내놓았다. 동물복지운송차량이 있는 축산업을 벤치마킹한 것이다.

법적, 조직적 인프라 구축 분야에서도 무리수가 확인되었다. 그동안 동물보호 단체, 수의사 단체에서 지속적으로 동물보호 업무를 전담하는 조직이 중앙정부인 농림축산식품부에 있어야 한다고 주장해왔다. 농림축산식품부 내에 동물보호과를 설치해 달라는 한 목소리였다. 2016년 당시 정부 대책에도 해당 내용이 담겼는데, 동물보호 업무를 전담으로 하는 것이 아닌 반려동물 보호 및 관련 산업 육성 업무를 전담하는 조직이라는 단서가 달렸다. 정부가 얼마나 '산업 육성'에 초점을 뒀는지 알 수 있는 부분이다.

반려동물에 대한 법적 근거 마련에 있어서도 가칭 '반려동물 보호 및 관련 산업 육성에 관한 법률' 제정안 마련을 추진하겠다고 설명했다. 만약, 실제로 반려동물산업육성법이 생기면 말산업 육성법에 이은 두 번째 동물산업 육성법이 될 터였다. 여기서도 동물보호와 복지를 신경쓰지 않을 수 없었는지 '반려동물 보호'를 법 이름에 추가했다. 동물보호복지를 신경 쓰면서 반려동물 산업을 육성시키려다 보니 어정쩡한 대책들이 쏟아진 것이다.

'동물복지정책'의 앞날을 기대하며

"반려동물 산업의 건강한 발전을 이루고 국민의식 선진화, 반려동물 시장 확대, 관련 일자리 창출 도모를 이끌겠다."

2016년 당시 정부가 대책을 수립한 목적이다.

이런 식으로 산업발전을 억지로 이끌다 보면 부작용이 발생할 수밖에 없다. 하지만 양쪽을 다 잡을 수 있는 방법은 있다. 산업육성에 초점을 두지 말고 동물보호와 복지에 초점을 맞추는 것이다. 동물보호와 복지에 초점을 맞춘 정책이 시행되어야 반려동물 산업 역시 질적으로 더 나은 방향으로 성장할 수 있을 테니까.

그나마 다행스러운 점은 현 정부의 동물보호복지에 대한 이해도가 이전보다 높아졌다는 점이다. 2018년 6월 농림축산식품부 내에 동물보호 및 복지 업무를 전담하는, '과' 수준의 동물복지정책팀이 신설된 것이 대표적이다.

이전의 축산환경복지과에서 가축분뇨를 포함한 친환경축산과 동물보호 업무를 함께 담당했던 것이 축산환경자원과와 동물복지정책팀으로 분리되면서, 동물복지정책팀은 오로지 동물보호복지 관련 업무만 담당하고, 인원도 기존 6명에서 9명으로 늘어났다. 농림축산식품부는 "국내 동물 수가 증가 추세에 있고, 동물보호 및 복지 수준 제고를 위한 정책 수요도 증가하고 있다"며, "이를 담당할 정부 내 조직인력 확충이 필요하다는 주장이 지속적으로 제기되어 왔다"고 전담 부서 설립 취지를 밝혔다.

동물복지정책팀은 2021년 현재 동물보호정책과로 명칭을 바꾸고 총 10명의 인원이 일을 하고 있다. 동물복지위원회 운영, 동물보호법, 동물학대, 유기동물, 동물보호 및 복지정책 교육홍보 등의 업무를 담당하는데, 이전의 실수를 반면교사 삼아 동물보호와 복지에 대한 올바른 이해를 바탕으로 좋은 정책을 펼치길 기대한다.

반려동물도 세금을 내야 할까

"왜 내 세금을 그런 곳에 쓰느냐?"

2018년 지방선거에서 수많은 후보들이 동물 관련 공약을 발표했다. 반려동물 동반 인구가 1,500만 명에 이를 정도로 많아지면서, 정치인들에게 반려동물 보호자들의 표가 중요해지고 있다는 뜻일 것이다. 동물관련 공약 몇 가지를 살펴보면 반려견 놀이터 확대, 동물보호조례 지정, 유기동물 입양 시 지원 확대, 지자체 동물보호센터 직영화 및 설치 확대, 반려동물 관련 정보서비스 시행, 동물병원 진료비 부담 완화 등 다양하다.

2014년 지방선거, 2016년 국회의원선거, 그리고 2017년 대통령선거에서도 비슷한 공약이 많았다. 그런데 2018년 6월 지방선거에서 눈에 띄는 공약이 하나 있었다. 바로 '반려동물 세금 부과 공론화' 공약이었다. 정의당 정책 위원회가 발표한 공약 중 하나였는데, 반려동물을 키우는 국민들에게 '동물세금'을 내도록 하는 방안을 다 같이 논의해보자는 것이었다. 가뜩이나 동물을 키우는 데에 많은 돈이 들어가고, 개 물림 사고나 일부 펫티켓 미준수 보호자 때문에 반려견을 키우는 것도 눈치를 봐야 하는데 세금까지 내라니, 보호자 입장에서는 이 공약이 어처구니없었을 것이다.

하지만 그럴수록 이런 공약이 왜 나왔는지 살펴봐야 한다. 정의당 정책위원회 측은 "동물보호센터, 놀이터, 동물구호 등 많은 사회적 욕구가 분출되고 있으나 이를 해결하기 위한 행정인력과 재원확보가 쉽지 않은 상황"이라며, "이에 반려동물도 우리 사회의 한 구성원으로 당당히 인정받고, 반려동물과 공생에 필요한 사회적 비용을 같이 책임진다는 의미에서, 반려동물 세금 부과에 관한 사회적 공론화를 이끌어 예산체계를 구축할 수 있는 기반을 조성하겠다"고 밝혔다. 반려동물과 관련된 사회적 부담이 점차 증가하고 있으므로 반려동물 보호자로서 일정 부분 책임을 지자는 것이다.

실제 상황은 어떨까? 반려동물 양육 인구가 1,500만 명에 육박하면서 반려동물 놀이터 조성, 반려동물교육센터 신설, 지자체 유기동물보호센터 확대, 동물보호전담 부서 설치 등 사회적 비용이 점차 늘어나는 상황이다. 일례로 서울시 동물보호과 예산이 2014년 18억 2,000만 원에서 2017년에는 49억 4,000만 원으로 3년 새 2배 이상 늘어났다. 전국 유기동물 관리비용은 2015년 97억 5천만 원에서 2018년 200억 4천만 원으로 증가했다. 길고양이 TNR 지원 사업에 투입되는 세금도 2015년 31억 4천만 원에서, 2016년 42억 9천만 원, 2017년 48억 원에 이어 2018년에는 67억 9천만 원으로 늘어났다. 전년 대비 증가율은 무려 41.5%였다.

게다가 동물 미등록 단속, 개 물림 사고 관련 민원, 목줄 미착용과 배변 미치리 같은 펫티켓 미준수 단속 등 정부의 행정력도 점차 많이 소요되고 있다. 반려동물이 늘어나면서 사회적 비용과 행정적 소모가 함께 많아지고 있는 것이다.

이런 일은 모두 국가의 세금이 투입되는 부분이다. 결국 반려동물을 키우지 않거나 싫어하는 사람들은 "나는 동물을 키우지도 않는데 왜 내 세금을 그런 곳에 쓰느냐?"며 불만을 제기할 여지가 있다. 그래서 수년 전부터 반려동물 세금 부과가 필요하다는 의견이 나왔고, 당 차원에서 동물세금 부과를 공론화하자는 정당까지 등장한 것이다.

당장 힘들겠지만 생각해볼 문제

싱가포르의 경우 반려견을 키우려면 수의청에 신고하고 허가증을 받아야 하는데, 양육허가증을 받으려면 마이크로칩으로 동물등록을 해야 한다. 보호자는 허가증을 매년 갱신해야 하는데, 이때 세금을 낸다. 중성화가 되지 않은 반려견은 1년에 약 5만 7,000원, 중성화된 반려견은 1년에 약 1만 3,000원의 세금을 내야 한다.

동물보호복지 선진국으로 잘 알려진 독일에도 동물세금이 있다. 독일에서 반려견을 키우면 매년 10만 원에서 100만 원의 세금을 내야 하는데, 지역마다 다르고, 키우는 개의 종류나 마릿수에 따라 조금씩 차이가 있다. 독일 라이프치히시의 경우 반려견 1마리를 키우면 1년에 12만 원의 세금을 내고, 2마리를 키우면 26만이 추가되어 총 38만 원을 매년 내야 한다. 3마리를 키우면 여기에 26만 원이 또 추가된다. 특히 핏불테리어 등 특정 품종의 개나 사냥개를 키우면 107만 원 정도의 세금을 내야 한다. 반려견 세금도 정기적으로 인상되는데, 브레멘의 경우 2016년에 기존 15만 원에서 18만 원으로 반려견 세금을 인상한 기록이 있다.

오스트리아도 반려견 세금이 있다. 모든 반려견은 내장형 인식 칩으로 동물등록을 해야 하며, 등록된 반려견 보호자에게는 신고 및 세금 납부 의무가 부여된다. 첫 번째 개의 경우 1년에 약

9만 3,000원, 두 번째 개부터는 마리당 13만 4,000원의 세금을 내야 한다. 독일과 오스트리아 모두 반려견을 2마리 이상 키우면 1마리를 키울 때보다 2배 이상으로 세금을 내야 하는 것이다. 이에 반해 우리나라는 법적 의무사항인 동물등록제가 수년째 자리 잡지 못하고 있으며, 유실 및 유기된 동물도 여전히 매년 10만 마리 이상 발생하고 있다. 게다가 강아지공장, 개 물림 사고 등이 사회적 문제가 될 정도로 아직 반려동물 문화가 성숙하지 못하다. 이런 상황에서 당장 반려동물에게 세금을 부과하겠다고 하면 사회적 합의가 이루어질 리 만무하다.

그럼에도 불구하고 반려동물과 관련된 사회적 비용과 정부의 부담이 계속 증가하고 있는 만큼, 반려동물 세금 부과 공론화 공약이 갖는 의미는 컸다고 생각한다. 만약에 반려동물 보호자들이 낸 동물세금을 반려동물 관련 정책에 사용한다면 보호자들도 더 떳떳하게 관련 시설을 이용하고 편하게 동물 정책을 제안할 수 있지 않을까?

이 글을 읽는 독자들의 생각이 궁금하다.

"여러분은 반려동물에게 세금을 부과하는 것에 대해 어떻게 생각하시나요?"

길고양이,
정말 그렇게 싫으세요

"길고양이보다 캣맘이 더 문제다"

＊사례 1

아내와 딸이 고양이 먹이를 주려는 걸 방해하려고 물총을 쏴 길고양이들을 쫓아버린 이웃에게 항의하던 40대 남성은 이웃집 현관 인터폰을 부순 혐의로 벌금 30만 원을 선고받았다.

＊사례 2

부산에서 길고양이를 돌보던 40대 남성은 고양이 먹이 서랍장에 쓰레기를 버렸다며 이웃집 10대 여학생의 뺨을 때렸다가 벌금 100만 원을 선고받았다.

* 사례 3

인천의 한 아파트에서 길고양이에게 먹이를 주던 이웃 여성을 일방적으로 폭행해 논란이 되었던 이른바 인천캣맘 폭행사건과 관련해 불구속 수사를 받던 52세의 손 씨가 구속되었다. 손 씨는 2012년 7월 오전 7시 15분께 인천 연수구 선학동의 한 아파트 앞에서 길고양이에게 수시로 밥을 줘 주변을 지저분하게 한다는 이유로 이웃 주인 52세의 조아무개 씨를 때리고 음식물 쓰레기통에 거꾸로 집어넣은 혐의를 받고 있다.

정부가 펴낸 자료집《나의 동물 가족을 지키는 에티켓》에 포함된 사례들이다. 이처럼 길고양이를 돌보는 캣맘, 캣대디와 길고양이를 싫어하는 사람들 사이의 갈등이 늘고 있다.

용인의 한 아파트에서 길고양이 집을 만들어주던 캣맘이 초등학생들이 던진 돌에 맞아 죽는 사건도 있었다. 당시 많은 언론에서 길고양이에게 밥을 주는 캣맘이 갈등의 원인인 것처럼 표현해 캣맘과 주민들 간의 갈등을 부추겼다. 하지만 실제로는 '벽돌 낙하 실험'을 하기 위해 던진 돌에 우연히 캣맘이 맞았던 것으로 캣맘 혐오와는 상관없는 사건이었다. 캣맘이 길고양이에게 더 신경쓸수록 길고양이를 싫어하는 주민들의 불만도 커진다. 이들은 배설물, 발정소리와 영역다툼 소리 같은 소음, 음식물 쓰레기 봉투 뜯기 등 크게 3가지 이유로 길고양이들을 싫어하며, 길고양이들에게 사료를 챙겨주는 캣맘을 비난한다.

그렇다면, 길고양이들에게 사료를 주는 것이 정말 잘못된 행동일까? 정답부터 말하면 '아니오'다. 오히려 길고양이에게 사료를 챙겨줘야 길고양이로 인한 불만과 민원이 줄어든다. 정해진 위치에서 사료를 정기적으로 먹으면 길고양이 입장에서 음식물 쓰레기봉투를 뜯을 일이 없어진다. 배가 고프지 않기 때문이다. 또한, 길고양이 중성화수술 사업(TNR 사업)도 훨씬 수월해지는데, 중성화수술을 받은 길고양이는 발정소리나 영역다툼 소리를 덜 내게 된다.

캣맘과 TNR사업으로 개체수 줄어들어

길고양이의 개체수가 더 늘어나지 않도록 조절하는 정책이 TNR 사업이다. TNR은 trap(포획), neuter(중성화 수술), return(혹은 release, 방사)의 약자로, 길고양이들을 포획해 중성화수술을 시킨 뒤 다시 그곳에 풀어주는 사업을 뜻한다. 중성화수술을 받은 고양이는 발정이 오지 않기 때문에 발정 울음소리를 내지 않고, 영역다툼도 덜하며, 무엇보다 더 이상 새끼를 낳지 않는다. 이 사업으로 길고양이를 싫어하는 이유를 대부분 해결할 수 있다. 그리고 이 사업의 첫 번째 과정인 길고양이 포획에서 캣맘의 역할이 매우 중요하다. 캣맘들이 일정한 장소에 꾸준히 사료를 주어야 길고양이들이 그곳에 모이고, 포획이 쉬워진다.

결국 길고양이의 울음소리와 길고양이 수가 늘어나는 것이 싫다면 캣맘들을 비난할 일이 아니라 오히려 캣맘들의 활동을 응원해야 한다.

길고양이는 그 존재 자체로 우리에게 도움을 주기도 한다. 하루에 평균 2~3마리의 쥐를 잡아 유행성출혈열, 렙토스피라증 등 쥐에 의해 퍼지는 질병의 전파를 막아주는 것이다. 그리고 무엇보다 밥을 챙겨준다고 길고양이가 오랫동안 잘 살아가는 것도 아니다. 길고양이들은 전염병, 교통사고 때문에 평균 수명이 3년밖에 되지 않는다. 일반 집고양이들이 15년 정도 사는 데에 비해 수명이 5분의 1밖에 되지 않는 것이다. 그러니 길고양이들을 무작정 잡아 죽여야 하는 존재로 보는 인식은 이제 없어졌으면 좋겠다.

우리나라는 예전부터 '길고양이는 도둑고양이', '고양이는 요물' 등 고양이에 대한 좋지 않은 선입견이 많았다. 늦었지만 지금부터라도 길고양이가 사람에게 도움을 주며, TNR사업으로 충분히 지역 주민들과 공존할 수 있는 존재라는 점을 알았으면 한다. 그러면 길고양이와 관련된 사람들 사이의 갈등도 없어질 수 있을 테니.

그렇다면, 길고양이의 인도적인 개체수 조절과 시민 불편을 줄이고자 실시하는 TNR사업은 실제로 효과가 있을까?

얼마 전 서울시에 의해 길고양이 TNR사업의 개체 수 조절 효과가 입증됐다. 서울시는 2008년부터 민원 지역을 중심으로 길고양이 TNR 사업을 시작했고 점차 사업을 확대 중이다. 2013년부터는 길고양이 TNR사업의 추진 효과를 알아보기 위해 길고양이 서식 현황 모니터링을 실시했는데, 그 결과 2013년 25만 마리로 추정됐던 서울 시내 길고양이가 2019년 11만 6천 마리로 감소했다. TNR사업을 꾸준히 진행하자 길고양이 개체수가 절반 이상 감소한 것이다. 서울시는 2020년에도 8억 1천만 원의 예산을 투입해 총 약 11,000마리의 길고양이를 중성화 수술했다.

반려동물도
우리의 가족입니다

반려동물도 주민등록증이 있다?

사람의 경우 만 17세가 되면 주민등록증을 발급받아 나라의 국민으로서, 그리고 지역 주민으로서 소속감을 갖는다. 그런데 반려견에게도 이런 제도가 시행중이라는 사실을 아는가? 2014년부터 전국적으로 실시된 동물등록제가 그것이다.

정부는 2000년대 후반부터 일부 지자체에서 동물등록제를 시범사업으로 운영해왔고, 2013년부터 동물등록제를 전국적으로 확대해 2014년부터 의무 적용했다. 2개월령 이상의 반려견은 모두 의무 등록대상이다. 2019년 발생한 135,719마리의 유기동물 중 75.4%인 102,363마리는 반려견이었다. 이 중에는 일부러 버린 동물도 있지만, 잃어버린 동물을 다시 찾지 못한 경우도 많다. 이런 점 때문에 동물등록제가 반드시 필요하다.

동물등록제는 유기동물 수를 줄이고, 잃어버린 반려동물을 쉽게 찾을 수 있도록 하자는 목적으로 시행됐다.

그런데 여전히 동물등록을 안 한 보호자가 많다. 2019년까지 등록된 반려견 수는 총 209만 2,163마리인데, 이는 전체 반려견의 절반도 안 되는 수치다. 동물등록은 동물보호법에 명시된 '법적 의무사항'이다. 동물등록을 하지 않았다가 적발되면 20만원에서 60만원의 과태료를 내야 한다.

동물등록을 해주지 않는 것은, 아이를 낳아 놓고 출생신고도 하지 않고 주민등록증도 만들어 주지 않는 것과 마찬가지라는 게 내 생각이다. 부모로서, 보호자로서 자격이 없다는 뜻이다. 동물등록이 법적 의무사항이고 위반 시 과태료를 내야 하는 걸 떠나서, 반려견 보호자로서 기본적인 책임을 다했으면 좋겠다.

인식표보다 찾기 쉬운 내장형으로

동물등록은 내장형 무선식별장치, 외장형 태그, 외장형 인식표 등 총 3가지 방법이 있었는데, 얼마 전 인식표가 제외되면서 내장형 무선식별장치와 외장형 태그 방식만 남았다.

책임감 있는 보호자라면 둘 중 '내장형 무선식별장치(마이크로칩)'로 동물등록을 해줘야 한다. 외장형 방식은 일부러 떼기도 쉽고, 어딘가에 걸려서 분실할 위험도 크기 때문이다.

일각에서는 내장형 칩의 부작용을 걱정하기도 한다. 그러나 시술은 마이크로칩이 멸균된 상태에서 진행되며, 이상 반응이 오는 경우는 극히 드물다. 실제로 영국 소동물수의사회 보고서에 따르면 마이크로칩으로 인한 부작용 발생률은 0.000015%밖에 되지 않으며, 부작용 자체도 심각하지 않았다. 실제로 2009년 《미국수의사회저널》에 따르면 미국 53개 보호소를 대상으로 조사한 결과 내장형 칩이 없는 동물은 22%만이 보호자를 찾는 것에 반해 내장형 칩을 삽입한 경우에는 52% 이상이 가족의 품으로 돌아간 것으로 나타났다.

우리나라에서도 2014년 1월부터 6월까지 대전시 유기동물보호소에 들어왔다가 등록정보를 확인해 보호자에게 반환된 동물 101마리 가운데 내장형 칩으로 등록된 동물은 98마리였고, 외장형을 부착하고 있었던 경우는 3마리에 불과했다.

그러니 2개월령 이상의 반려견을 키운다면 가까운 동물병원에 방문해 꼭 내장형 방식으로 동물등록을 해주길 바란다. 참고로 고양이는 아직 동물등록 대상이 아니다. 몇 년 안에 고양이 동물등록제가 의무 시행될 예정이며, 현재는 일부 지자체에서 시범사업을 하고 있다. 사랑하는 반려묘에게 동물등록증을 만들어

주고 싶은 집사들은 '고양이 동물등록제'가 시행될 때까지 조금만 더 기다리자.

행복한 삶,
아름다운 이별

보내는 것도 살아 있을 때처럼

반려동물을 잘 키우는 것도 중요하지만 잘 보내주는 것도 중요하다. 반려동물과 함께 생활하면서 가장 안타까운 점은 사람보다 반려동물의 수명이 짧다는 사실이다.

최근에는 수의학의 발전과 사료 및 간식 · 용품의 발달, 동물보호 복지 수준 향상, 그리고 보호자들의 정성이 합쳐져 반려동물의 수명도 많이 늘어났다. 15살 넘은 개, 고양이를 주변에서 쉽게 볼 수 있으며, 20살이 넘은 반려견과 반려묘도 종종 보인다. 그러나 여전히 사람보다 먼저 하늘나라로 떠나보내야 하기 때문에 보호자의 마음은 무너진다. 그래서 많은 사람들이 반려동물이 죽은 뒤에 어떻게 해야 하는지 궁금해 한다.

흔히 집 앞마당이나 뒷동산에 묻어주는 경우가 많지만, 사실 반려동물 사체를 땅에 묻는 것은 불법이다. 안타까운 현실이지만 반려동물의 사체는 폐기물관리법에 따라 폐기물로 처리해야 한다. 생활쓰레기봉투에 담아 버려야만 하는 것이다. 가족처럼 키운 반려동물을 쓰레기봉투에 담아서 처리해야 한다니, 좀처럼 납득하기 어렵다.

동물병원에서 처리하는 방법도 있다. 하지만 반려동물 문화가 발달할수록 가장 관심을 받는 방법은 역시 '반려동물 화장'이다. 동물장묘업으로 등록된 동물 전문 화장업체에서 반려동물의 장례를 치르는 방법이 합법적이면서도 가장 인도적인 방법으로 평가받고 있다. 2021년 1월 현재 국내에는 55개의 합법적인 동물장묘업체가 있다.

몇 년 전 반려동물 합동장례 논란이 발생한 적이 있다. 한 동물장묘업체에서 반려견 6마리의 사체를 한꺼번에 소각한 후 그 유골분을 6분의 1씩 각 보호자에게 나눠준 것이다. 하지만 최근에는 화장로로 들어가는 반려동물의 시신을 보호자가 직접 확인할 수 있고, 시신 수습부터 마무리까지 장례절차 전체를 장례지도사가 1 대 1로 진행해주는 장묘업체도 있으며, 납골당 및 유골분을 보석화해 기념할 수 있도록 서비스하는 곳도 있다. 전국의 합법적인 반려동물 장묘업체는 동물보호관리시스템(www.animal.go.kr)이나 e동물장례정보포털(www.eanimal.kr/)에서 확인할 수 있다.

주의할 점도 있다. 동물등록이 된 반려견이 죽었을 때는 동물등록 말소 신고를 해야 한다. 이때 동물등록 변경신고서 및 등록동물의 폐사 증명 서류를 준비해 반려동물이 죽은 날부터 30일 이내에 신고하기 바란다. 아울러 땅에 사체를 묻는 것도 안 되지만, 임의로 소각하는 행동도 불법이다. 동물의 사체를 땅에 묻거나 허가 없이 소각하면 폐기물관리법, 수질 및 수생태계 보전에 관한 법률, 경범죄처벌법 등 다양한 법에 의해 벌금이나 과태료를 내야 한다. 참고로, 화장 후 발생한 뼛가루는 폐기물로 간주되지 않으며, 좋은 유골함을 사용할 경우 수 년 이상 보관이 가능하다.

슬픔은 당연하고 자연스러운 일

반려동물을 떠나보낸 슬픔을 견디지 못하고 목숨을 끊은 사람도 있다. 사랑하는 반려동물이 죽은 후 극도의 스트레스와 우울을 이겨내지 못하고 극단적인 선택을 하는 것이다. 이처럼 반려동물 먼저 떠나보내고 겪는 우울증을 '펫로스 증후군'이라고 하는 주변 사람들에게도 당부드린다. 반려동물을 떠나보낸 아픔으로 슬퍼하는 사람을 보고 “개 죽었다고 저러는 거야?”라는 식으로 비난하는 것은 옳지 않다. 이해와 공감이 어렵다면 차라리 아무 표현을 하지 말아 달라. 자신이 펫로스 증후군을 겪을까 봐 미리 걱정이 된다면 둘째 입양을 추천한다. 첫째 반려동물이 10살이 넘어갈 때 어린 반려동물을 입양해 함께 키우는 것이다. 그럼 남은 반려동물이 먼저 떠난 동물의 빈자리를 채워주고, 슬픔을 이겨내는 데 도움을 줄 수 있다.

다만, 먼저 떠나보낸 동물에 대한 그리움으로 마치 ‘대체품을 찾듯’ 새로운 동물을 입양하는 일은 없어야 한다. 똑같은 품종을 입양해 똑같은 이름을 붙여주고 똑같은 옷을 입히는 이들을 본 적이 있는데, 이런 행동은 둘째에 대한 예의가 아니다.

데, 생각보다 많은 사람이 펫로스 증후군을 경험한다.

펫로스 증후군을 흔히 '동의받지 못한 슬픔'이라고 부른다. 반려동물을 잃은 슬픔에 공감해주기보다 "개가 죽었다고 그렇게 울어?", "별것도 아닌 일로 슬퍼하고 그래?", "난 또 부모님이 돌아가신 줄 알았네"라는 식으로 비아냥거리는 사람들이 있기 때문이다. 이처럼 슬픔에 공감해 줄 사람이 부족하다 보니, 아예 자신이 펫로스 증후군인 것도 모르는 경우가 많다.

펫로스 증후군은 일반적으로 부정, 분노, 슬픔의 단계로 진행된다. 처음에는 자신의 반려동물이 죽었다는 사실을 믿지 못하고 인정하지 않는다. 그러다가 더 잘해주지 못한 자신에게 화를 내고, 수의사나 주변 사람들에게 화풀이를 한다. 그 뒤 마지막으로 반려동물을 잃은 상실감과 슬픔을 크게 느낀다.

반려동물을 잃은 뒤의 슬픔은 당연하고 정상적인 일이다. 이런 슬픔은 피할 이유가 없고, 자연스럽게 애도하면서 감정을 시간에 따라 흘려보내는 것이 중요하다. 결국 시간이 해결해주고, 이런 슬픔을 겪으면서 더 성숙해질 수 있다. 중요한 것은 자신의 잘못 때문이라거나 더 잘해주지 못한 것에 죄책감을 갖지 말아야 한다는 것이다. 펫로스 증후군을 겪는 이들에게는 사진, 그림, 영상 등으로 반려동물과의 추억 돌아보기, 펫로스 경험자들끼리 모여 슬픔 나누기, 전문 심리상담사의 도움 받기 등을 추천한다.

반려동물도 우리의 가족입니다

'글쓰는 수의사'로 활동하면서 벌써 3번째 책을 쓰게 됐다. 첫 번째 책인 〈고양이님, 저랑 살만 하신가요?〉는 고양이에 대한 에세이여서 내 경험을 편하게 풀어냈고, 두 번째 책인 〈수의사가 말하는 수의사2〉는 22명의 수의사와 함께 썼기 때문에 부담이 적었다.

하지만, 이번 책은 기획안을 받았을 때부터 나에게 큰 부담으로 다가왔다. 수의대에 입학한 후 지금까지 15년 넘게 동물에 관심을 두며 살아왔지만, 여전히 나는 모르는 게 많고 경험도 부족하기 때문이다. '이렇게 부족한 내가 반려동물 문화와 산업을 전반적으로 다루는 책을 과연 잘 쓸 수 있을까'라는 생각이 끊임없이 내 머릿속을 맴돌았다.

수의사로, 수의학전문 언론사 대표로, 자문위원으로, 작가로, 강사로 활동폭을 조금씩 넓혀가면서 나에 대한 사람들의 기대가 점점 높아지는 것을 느껴왔다. 그러다보니, 괜히 어설픈 책을 써서 오히려 실망감을 안겨주지는 않을까 하는 걱정마저 들었다.

그렇지만 언젠가부터 '그래! 한 번은 이런 얘기를 해야 하지 않을까?'라며 정리해왔던 내 생각들을 한 권의 책으로 담아내는 건 정말이지 큰 행복이었다.

“반려동물 산업은 불황이 없어”, “앞으로는 동물 분야가 돈이 되지”라고 쉽게 말하는 사람들에게, “아니야 사실은 이런 거야”, “이런 부분도 생각해봤으면 좋겠어”라는 얘기를 꼭 해주고 싶었다. 그리고 그런 얘기를 설득력 있게 전달하고자 최대한 노력했다.

동물 분야에서는 감정적인 글, 사진, 영상을 쉽게 접하게 된다. 아무래도 동물에 관심을 갖는 분들이 조금 더 감정적이기 때문인 것 같다. 잔인한 동물학대 영상은 언제나 크게 화제가 되고 많은 사람에게 분노를 일으킨다.

그러나 나는 이 책에서 감정적인 부분을 되도록 배제하려고 했다. 동물에 대한 사람들의 선입견을 줄이고, 올바른 반려동물 문화를 만드는 데 조금이나마 이바지하기 위해서는 이성적인 글이 필요하다고 생각했기 때문이다. 그래서 관련 통계를 인용하고, 표와 그래프를 많이 넣었다. 어떻게 보면 내 3권의 책 중 가장 재미없고 지루한 책이 된 것도 같다. 하지만 후회는 없다. 객관적인 통계를 바탕으로 내 생각을 펼쳐야 사람들을 설득할 수 있다고 믿기 때문이다.

책이 나오기까지 꽤 오랜 시간이 걸렸다. 특히, 새로운 통계가 지속적으로 발표되면서, 책의 내용을 여러 차례 수정 · 보완해야만 했다. 열악한 환경에서도 책이 출간될 수 있도록 최선을 다해 준 크레파스북 임직원분들과 여러 자료를 제공해 준 정부, 협회, 동물단체에 진심으로 감사의 인사를 전하고 싶다. 동물들을 위해 각 분야에서 노력 중인 여러분들이 없었다면 이 책도 만들어지지 못했을 거다.

진지한 내가 '내 성격보다도 더 진지한 글'을 쓰고 말았다. 그렇지만, 반려동물과 함께 하는 분들, 동물 관련 산업에 종사하는 분들, 그리고 동물보호복지에 관심이 있는 분들에게 조금이나마 도움이 됐으면 하는 바람이다.

2019년 8월

글쓰는 수의사 이 학 범